赤松茸栽培技术与营养功效详解

魏　磊　王　伟　景炳年　李　晓　主编

河南科学技术出版社
·郑州·

图书在版编目（CIP）数据

赤松茸栽培技术与营养功效详解 / 魏磊等主编. 郑州：河南科学技术出版社，2024. 12. -- ISBN 978-7-5725-1631-3

Ⅰ. S646.1-64

中国国家版本馆 CIP 数据核字第 2024YX5192 号

出版发行：河南科学技术出版社

地址：郑州市郑东新区祥盛街 27 号　　邮编：450016

电话：（0371）65737028　65788613

网址：www. hnstp. cn

策划编辑：李义坤

责任编辑：许　静　李义坤

责任校对：牛艳春

封面设计：张德琛

责任印制：徐海东

印　　刷：河南文华印务有限公司

经　　销：全国新华书店

开　　本：850 mm×1 168 mm　1/32　　印张：5　　字数：130 千字

版　　次：2024 年 12 月第 1 版　　2024 年 12 月第 1 次印刷

定　　价：28. 00 元

《赤松茸栽培技术与营养功效详解》
编写人员名单

主　编　魏　磊　王　伟　景炳年　李　晓

副主编　王志尧　陈　飞　李宁洁

编　者　（按姓氏笔画排序）

王　伟（河南省科学院）
王志尧（河南大学）
卢明华（河南省纳普生物技术有限公司）
刘雨晴（河南省科学院）
李　晓（河南省纳普生物技术有限公司）
李宁洁（河南省纳普生物技术有限公司）
陈　飞（河南省纳普生物技术有限公司）
陈　敏（河南大学）
范利克（河南鲜达农业发展有限公司）
周　雍（河南省纳普生物技术有限公司）
曹宗鹏（南阳市科学院）
常　霞（河南省科学院）
景炳年（河南省科学院）
魏　磊（河南省科学院）

前　言

在我国农业多元化蓬勃发展的进程中，食用菌产业以其独特的优势和广阔的发展前景，在农业生产中已成为继谷物、蔬菜、水果和畜牧业之后的第五大产业。这一产业不仅承载着乡村振兴的重要使命，而且在促进农村经济多元化、提升居民生活质量、构建多元化食物供给体系及推动生态环境保护等方面发挥着不可替代的作用。在众多食用菌中，赤松茸以其广泛的栽培原料、低廉的成本、高产的特性，以及清香独特的口感、丰富的营养价值和显著的药用价值，赢得了消费者的喜爱，并成为国际菇类市场上的十大热门品种之一，被联合国粮食及农业组织（Food and Agriculture Organization of the United Nations，FAO）特别推荐给发展中国家。

为了更好地推广赤松茸的栽培技术，深度挖掘其营养价值与功效，促进赤松茸产业的高质量发展，我们团队在广泛查阅国内外相关文献的基础上，结合多年来的研究成果与实践经验，精心编纂了本书。它从赤松茸的生物学特性、菌种培育与生长发育特性、栽培管理与病虫害防治、营养与活性成分及其价值、加工和利用、产业发展前景等多个维度，进行了全面而深入的阐述。我们力求通过循序渐进的讲解，引领读者系统掌握赤松茸的相关知识，为科研人员提供翔实的参考资料，为种植户提供实用的技术指南，为消费者普及赤松茸的营养知识，为赤松茸的深入开发与利用提供有力的科学支撑。

在此，我们要向所有为赤松茸研究付出辛勤努力的学者表示崇高的敬意和衷心的感谢。正是他们的不懈努力与深入研究，为赤松茸的栽培与利用奠定了坚实的基础，也为本书的编纂提供了宝贵的基础资料。

最后，我们诚挚地希望本书能够得到广大读者的喜爱与认可。因作者水平有限，书中可能存在不足之处，敬请广大读者提出宝贵的意见与建议，以便我们日后改进与完善。

编者

2023年8月

目　录

第一章　赤松茸的分布

第一节　赤松茸天然资源分布概况

赤松茸（图 1-1）俗称益肾菇、粗腿蘑，是国际菇类交易市场上的十大品种之一，也是联合国粮食及农业组织（Food and Agriculture Organization of the United Nations，FAO）向发展中国家推荐的新菇种。

图 1-1　赤松茸

野生赤松茸在自然界的分布范围比较广泛，春至秋季喜欢生长在林中、林缘或路旁草地、木屑堆、牛马粪堆上等。1922 年美国首次发现该物种并予以命名，此后欧洲各国、日本、中国也相继发现赤松茸的分布。现有资料表明，野生赤松茸主要分布于欧洲、北美洲、亚洲等的温带地区。其中，在欧洲主要分布于德国、波兰、捷克等国，在北美洲主要分布于美国，在亚洲主要分布于日本和中国（在中国主要分布于云南、四川、吉林和西藏等地）。在我国的青藏高原上常生长于阔叶林下的落叶层上，在攀西地区常生长于针阔混交林中。

第二节　赤松茸人工培育概况

赤松茸人工驯化始于 1969 年，由德意志民主共和国约阿希姆·普舍尔（Joachim Puschel）试种成功，此后被波兰、捷克斯洛伐克、匈牙利相继引种栽培。目前美国及西欧的一些国家也开始栽培。我国虽然也有野生赤松茸的分布，但未进行人工驯化栽培，直到 1980 年，上海市农业科学院食用菌研究所的许秀莲等从波兰引种成功，但未得到大面积推广栽培。20 世纪 90 年代后，福建省三明真菌研究所着手赤松茸的人工栽培技术研究，在橘园和田间栽培赤松茸获得良好的经济效益，并逐步向省内外推广。1999 年，河南省卢氏县在不同的气候带上设 6 个试验场进行赤松茸试种并获得成功，并于 2001 年在县城周围的乡镇进行大面积推广。截至 2024 年，在福建、江西、四川、黑龙江、湖北、贵州、陕西、河北、河南、安徽、山西等省已经大面积推广栽培，以林下仿野生种植（图 1-2）、大棚种植（图 1-3）、“菜—稻—菌”、“稻—菌”等模式为主，室内工厂化栽培技术亦取得突破，平均亩（亩为非法定计量单位，1 亩≈666.7 平方米）产多在 1 500~2 500 千克，产品在北上广等一线城市深受欢迎。

图 1-2　林下仿野生种植赤松茸

图 1-3　大棚种植赤松茸

第二章　赤松茸的生物学特性

第一节　赤松茸的形态特征

赤松茸（*Stropharia rugosoannulata* Farlow apud. ex Murrill）在真菌分类学上隶属于担子菌亚门，层菌纲，伞菌目，球盖菇科，球盖菇属，别名大球盖菇、皱环球盖菇、皱球盖菇、酒红大球盖菇、裴氏球盖菇、裴氏假黑伞。

赤松茸子实体如图 2-1 所示，单生、丛生或群生，中等至较大型，单个菇团可达数千克重，由菌盖、菌褶、菌柄、菌环、菌幕组成。菌盖圆形或近半球形，后扁平，直径一般 5~25 厘米，有的可超过 30 厘米。菌盖肉质，湿润时表面稍有黏性。幼嫩子实体为白色，常有乳头状的小突起；随着子实体逐渐长大，菌盖渐变成红褐色至葡萄酒红褐色或暗褐色；老熟后褪为褐色至灰褐色。菌盖表面平滑，有的菌盖上有纤维状鳞片，鳞片随着子实体的生长成熟而逐渐消失。干时表面有光泽，菌盖边缘初期内卷，常附有菌幕残片。菌褶直生，刀片状，排列密集，初为乌白色，后变成灰白色，随着菌盖的平展，逐渐变成褐色或更深的颜色如紫黑色。菌柄近圆柱形，靠近基部稍膨大，柄长 5~20 厘米，柄粗 0.5~4 厘米，菌环以上白色，近光滑；菌环以下带黄色细条纹，成熟时呈淡黄色。菌柄早期中间有髓，成熟后中空。菌环位于菌柄的中上部，厚质膜，有深沟纹，深裂成片状，尖端向上卷，易脱落。

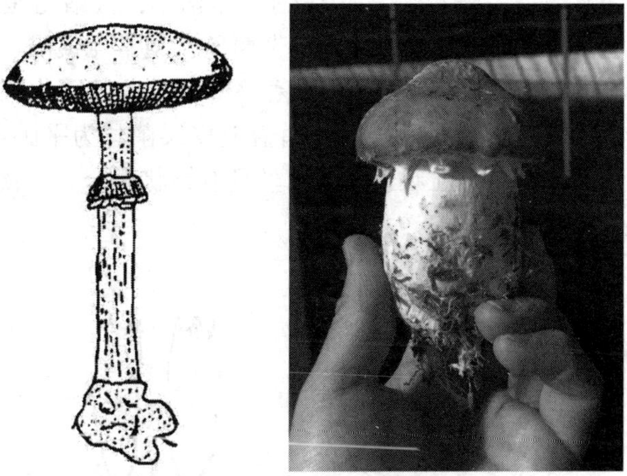

图 2-1　赤松茸子实体

菌丝体在马铃薯蔗糖琼脂（Potato Sucrose Agar，PSA）固体平板上，菌落圆形，呈放射状蔓延；菌丝白色，丝状，气生菌丝少。如图 2-2 所示，赤松茸担孢子［(10~)11~13（~14)］微米×［(7.0~)7.5~8.5(~9.5)］微米×(7.0~8.0)微米［$Q_{正(正面长宽比)}$ = 1.43~1.47，$Q_{侧(侧面长宽比)}$ = 1.43~1.75］，正面观近六角形，侧面观椭圆形至长椭圆形，有光滑的复合孢壁，厚 1 微米左右，具有宽萌发孔，孔直径 2~3 微米，在氢氧化钾（KOH）溶液中呈微暗黄褐色至浅褐色；担子［(23~)25~33(~35)］微米×(8~11)微米，腹鼓状，中部稍收缩至棍棒状，具有 4 个担子小梗，长 2.5~3.5 微米；侧囊体为黄囊体［(24~)38~48（~55)］微米×(11~14)微米，棍棒形至拟纺锤形，顶尖细长，长 4~10 微米，散生至较多，透明，壁薄，在氢氧化钾溶液中呈浅黄色至亮黄色，折射物较少；缘囊体为黄囊体，簇生至丛生，褶缘不育，

[(34.0~)38.0~42.5(~47.5)]微米×[(9.0~)10.0~13.0]微米，形状与侧囊体不同，顶部披针形，长4~7微米，向基部逐渐膨大，有时具有薄壁囊体，比侧囊体稍小；菌褶与菌髓近平行，菌丝直径5~20微米，具有宽带菌丝，通常无横隔，有时分枝，分枝的菌丝直径5~7微米，菌丝壁厚，在氢氧化钾溶液中呈透明至浅黄色，子实下层薄，菌盖上皮层菌丝为平卧或平伏，菌丝壁镶嵌浅褐色颗粒状色素；菌丝具有锁状联合。双核菌丝有多且明显的锁状联合。

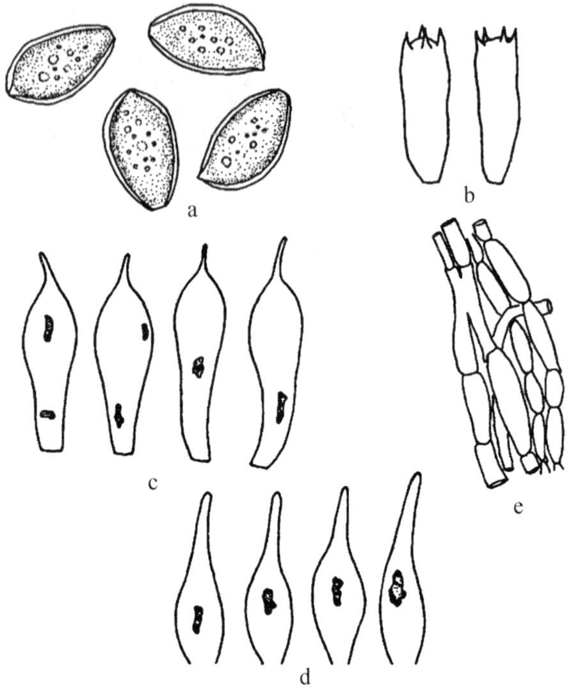

a. 担孢子；b. 担子；c. 侧囊体；d. 缘囊体；e. 菌丝

图 2-2　赤松茸显微结构示意图

第二节　赤松茸的生态习性

赤松茸适应性强，既能在野外自然环境下生长，也能在人工环境下生长。在野外，赤松茸通常生长在富含腐殖质的土地上，如草地、林边、路边等地，尤其是在阔叶林下的落叶层上。图2-3所示为生长在草堆上的赤松茸。而在人工栽培中，赤松茸常可使用多种农作物秸秆、残渣等培养料进行种植。

图 2-3　生长在草堆上的赤松茸

第三节　赤松茸的生活史

成熟的赤松茸弹射出孢子，孢子呈椭圆形，大小为（11~16）微米×（6.5~11）微米，厚壁，孢子紫色，在适宜的环境条件下萌发，形成单核菌丝，再发育成双核菌丝，经过一定时期的营养积累，在外界条件适宜时，便聚集联结，可见到突起或隆起。菌丝吸取的养分不断向突起处输送，逐渐形成子实体原基。子实体原基在一定的条件下不断膨大，并分化出菌柄和菌盖，进而分化出菌褶和子实层。经过快速伸展，并产生担孢子，成熟后被弹射出去，子实体老化甚至自溶。

第四节 赤松茸的生理特征

一、营养物质

营养物质是赤松茸生命活动的物质基础，也是保证其产量的关键因素。赤松茸对营养的要求以碳水化合物和含氮物质为主，碳水化合物主要从葡萄糖中获取，含氮物质主要从氨基酸、蛋白胨中获取。除此之外，还需要微量无机盐，需要量虽不太多，但也不能缺少。在赤松茸人工栽培实际生产中，人们通常利用农作物秸秆作为培养料，这能够提供赤松茸生长所需要的碳源，其所浇的粪水则能满足赤松茸生长中对氮源的需求。

二、温度

赤松茸每个生长阶段所需温度各不相同。

（1）菌丝生长阶段：所需温度为5~36 ℃。菌丝的最适生长温度为24~28 ℃；在10 ℃以下和32 ℃以上时菌丝的生长速度迅速下降；超过36 ℃后，菌丝停止生长，高温延续时间长会造成菌丝死亡。如果温度过低，则会导致菌丝的生长非常缓慢，并且影响产量。

（2）子实体生长阶段：所需温度为4~30 ℃，基质的最适生长温度为 12～25 ℃，在这个温度区间，赤松茸生长速度加快，朵形较小，且非常容易开伞。

在赤松茸栽培过程中，如果遇到了降温，一定要及时采取措施，以保证菌种存活。

三、湿度

赤松茸菌种最适合在湿润的环境中生长，此时生长出来的赤松茸色泽艳丽、菇体健壮。它要求培养料含水量为 60%～65%，若水分过高，则会使培养料发黑，菌丝生长细弱，甚至不再生长；若水分过低，培养料干燥，菌丝会萎缩死亡。菌丝生长阶段要求空气相对湿度为 70%～75%，子实体生长即出菇阶段要求湿度为 90%～95%。

四、光照

赤松茸栽培时一定要注意光照的影响。栽培时需在半遮阴的环境下，因为散射光对子实体的形成有促进作用。但赤松茸菌丝生长时不需要光照，如果此时进行光照，会导致菌丝生长出现问题。长时间的太阳光直射会造成空气湿度降低，使正在迅速生长而接近采收期的菇柄龟裂，从而影响商品的外观。

五、pH 值

土壤 pH 值在 4.5~9.0，赤松茸均能生长，但以 pH 值为 5.0~7.0 的微酸性环境较适宜。土壤 pH 值偏高不利于赤松茸的生长，会降低其产量。

六、土壤

赤松茸前期生长阶段不需要土壤，但是到了子实体形成阶段，则需要覆土，如果不覆土，菌种虽然也能生长，但所需时间会增加。覆土要求使用土质肥沃、富含腐殖质、质地疏松的园林土或菜园土，切忌用砂质土和黏土。

七、空气

赤松茸菌丝生长阶段需要新鲜空气，出菇期需要加强通风。通风不良时，菌丝的生长和子实体的发育均会受到抑制。尤其是子实体大量发生时，更要注意出菇场地的通风；只有保持空气新鲜，才有可能获得优质、高产的赤松茸。

第五节　赤松茸的遗传特征

赤松茸属于四极性异宗结合担子菌，即在两对相同染色体上分别有两对不相容的基因（*A1* 与 *A2*，*B1* 与 *B2*），在减数分裂时，便出现 *A1B1*、*A1B2*、*A2B1*、*A2B2* 四种组合，形成四种结合型。但不同食用菌种类的这种四极性异宗结合的伴性遗传模式，由于地理分布、种群进化、生长环境等因素的影响，在自然种群中存在着不同丰富程度的等位基因和不同的遗传距离，这些等位基因是决定种质资源多样性的遗传基础。

第六节　赤松茸的其他特征

一、赤松茸与污染霉菌的相互作用

赤松茸对杂菌具有一定的抗御能力。在平皿培养试验中，25 ℃条件下，赤松茸菌丝在具有一定的生长势后，对青霉菌具有一定的耐受性，对黑曲霉菌、黏帚霉菌、木霉菌具有一定的抗性。青霉菌能以较高的密度延伸到赤松茸菌丝边缘，两者相互衔接，而赤松茸菌丝与黑曲霉菌、黏帚霉菌、木霉菌均出现了不同颜色的界限，这些可能是赤松茸菌丝产生的抗生素和上述污染霉菌产生的毒素相互作用的结果。

二、矿质元素对赤松茸菌丝体产量的影响

矿质元素钴和钒对赤松茸菌丝体产量的提高作用不大，可分别提高 7.69%和 29.82%。矿质元素铁、钼、锌、铜对赤松茸菌丝体的生长有促进作用，且这 4 种矿质元素可使赤松茸菌丝体的产量分别提高 65.99%、83.17%、95.68%和 101.08%，其中矿质元素铜对赤松茸菌丝体产量的提高作用最大，然后依次是锌、钼、铁。

三、磁化水对赤松茸菌丝体产量的影响

磁化水是指用普通水经过恒定磁场处理后得到的水体。利用磁化水培养赤松茸，可以提高菌丝生长速度，缩短原种制种周期，提高菌丝生物量、菌丝营养成分含量、培养基生物利用率和菌丝抗氧化活性。

四、赤松茸胞外酶研究

赤松茸降解木质素的过程中，锰过氧化物酶、木质素过氧化物酶和漆酶起到关键作用。这 3 种酶均在细胞内合成，而分泌到细胞外，属胞外酶。其中，前两者均需以过氧化氢（H_2O_2）为底物，而漆酶则以氧气（O_2）作电子受体。

木质素过氧化物酶的基因家族由 10 个基因组成，并建立了关于木质素过氧化物酶基因在染色体上形成的详细物理图谱。而锰过氧化物酶基因则含 6 或 7 个内含子，6 个内含子的位置是保守的，mRNA 位点也是保守的，遵循 GT-AG 法则。另外，已研

究的漆酶基因却含有 10 个左右的内含子，这些内含子在活性域位置上有较高的保守性。据报道，赤松茸降解纤维素的生物酶包括 3 种，即微晶纤维素酶、β-葡萄糖苷酶和羧甲基纤维素酶。产生这 3 种酶的最适温度为 40 ℃，最适无机氮源为氯化铵（NH_4Cl），最适有机氮源为麦芽糖糊精；而最适碳源不同，β-葡萄糖苷酶和羧甲基纤维素酶的最适碳源为木糖，微晶纤维素酶的最适碳源为麦芽糖；产生微晶纤维素酶和 β-葡萄糖苷酶的最适 pH 值为 5.0，而产生羧甲基纤维素酶的最适 pH 值为 4.0。赤松茸液体培养时胞外酶活性与 pH 值的关系密切，漆酶和淀粉酶的最适 pH 值分别为 3.8 和 5.8，而液体培养 7 天时无多酚氧化酶及纤维素酶活力。

第三章　赤松茸菌种培育与生长发育特性

第一节　优良菌种的选择与高效制作

和其他农作物一样，菌种是保证食用菌高产、稳产、优质、抗病等的关键。影响菌种质量的关键因素一是菌源，二是制种技术。赤松茸菌种质量的优劣是决定产量大小、菇体品质好坏、商品价值高低的关键因素，育菌技术直接影响到育菌成品率。

目前生产上应用的赤松茸菌种主要是从国外引入的，品种较少，由于各地气候条件不同，也选育分离出一些民间种源。比如黑龙江省农业科学院的倪淑君研究员培育出的“黑农球盖菇 1 号”是比较适于北方寒地栽培的优良品种。选择优良菌株只是第一步，更关键的是掌握制种技术，只有严格按照操作规程操作，才能生产出优良的菌种，获得良好的栽培效果。

优良的赤松茸菌种必须具备高产、优质、抗逆性强、菌丝生命力强、无杂菌和虫害等特性。常规的赤松茸制种方法耗费时间长，母种生长期需要 20～25 天，而原种生长期则为 2～3 个月，甚至更长，从而导致制种成本增加。掌握一套优质赤松茸菌种的高效制种技术，能大大缩短菌种的制种时间。

一、菌种制作技术与环节

赤松茸优质菌种的高效制作技术，主要有母种复壮、原种制作和栽培种制作三个环节。

（一）母种复壮

母种即一级种。处于保存期的赤松茸母种，菌丝生长缓慢或停止生长，因而须进行复壮。具体做法是：将赤松茸母种的菌丝接种到加富培养基上，促进菌丝快速生长，获得菌丝粗壮、浓白、生长势旺的复壮菌种，为制作原种打好基础。

（1）加富培养基配方：土豆 200 克、葡萄糖 20 克、琼脂 20 克、硫酸镁 1.5 克、磷酸二氢钾 2 克、蛋白胨 2 克、水 1 000 毫升。

（2）培养基制作：将土豆切成丁或条状，加水煮烂，一般需煮沸 20~30 分钟，并不断用玻璃棒搅拌，然后用四层纱布过滤，除去滤渣。在滤液中加入葡萄糖、琼脂、硫酸镁、磷酸二氢钾、蛋白胨，继续加热搅拌溶解。冷却后补水至液体为 1 000 毫升，分装到锥形瓶中，加塞，并用纱布包扎封口，121 ℃灭菌 20 分钟后取出，冷却后贮存备用。

（3）接种培养：加热培养基使其溶化后，在超净工作台内，分装至试管、斜置，待冷却后每个试管斜面接种 2 个或 2 个以上菌种块，加塞，放入 28 ℃恒温培养箱内培养 7~9 天，菌丝即可长满试管。

（二）原种制作

原种即二级种，用于接种制作栽培种。赤松茸的菌丝生长较为缓慢，若用常规的原种制作方法，赤松茸菌丝在培养料中生长到一定程度后，生长速度会逐渐减慢，甚至停止生长，3~4 个月也不能长满菌瓶，致使培养的时间过长，菌丝老化，丧失了活力，从而影响了原种的质量。针对这个问题，通常采用摇瓶的方法来刺激菌丝的生长，进而提高菌丝的密度。采用此方法，一般原种制作整个过程只需 20 天左右。

（1）制种容器及培养料配方：容器选择口径为 3 厘米的 750 毫升耐高温玻璃瓶。培养料以麦粒为主料，麦粒 94%、木屑 5%、石膏或碳酸钙 1%，培养料含水量控制在 65%左右。

（2）拌料：将浸泡或者煮好的麦粒滤去水分，加入辅料，混合均匀，含水量控制在 65%左右，以备装料。

（3）装料：装料量及料的松紧度是决定摇瓶质量的关键。装料以灭菌后达到菌瓶总容积的 1/2 为好，最多不超过 3/5。装料要松紧适度，过紧会影响菌丝生长，过松则容易导致培养料与菌丝体接触不良，不利于菌丝生长。

（4）灭菌：在 0.1~0.12 兆帕（MPa）压力下，灭菌 1.5~2 小时。灭菌结束后，趁热抖动培养料，使培养料分散，否则冷却后易结块。灭菌时间不宜过长，否则麦粒易成糊状或者结块，导致透气性和养分下降，不利于菌丝生长。

（5）接种培养：采用多点式接种（图 3-1），每个菌瓶接入 2 块以上菌种块，塞上棉塞，然后抖动培养料，使菌种块分布均匀，然后放至 25~28 ℃黑暗条件下培养。

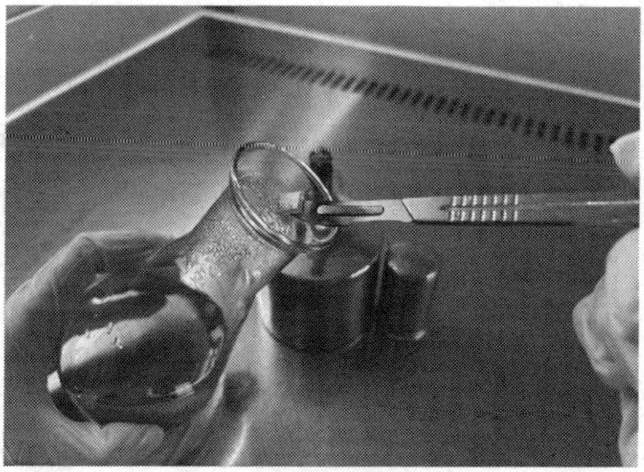

图 3-1　接种

（6）摇瓶（图 3-2）：接种后 5 天左右，菌丝菌圈扩至 2 厘米时，即可进行摇瓶处理。要求摇动剧烈，使料块被摇散，菌丝被摇断，并使长有菌丝的麦粒充分混匀在整个培养料中，这样每个带菌丝的麦粒就是一个生长点。再过 5 天左右，菌丝菌圈扩至 2 厘米时，再次抖动培养料，一般抖动 3~5 次即可。此处理可起到增氧作用，能刺激菌丝的生长。菌丝继续培养 8~10 天，待菌丝满瓶后即可用来制作栽培种。

图 3-2　摇瓶

（三）栽培种制作

用于栽培种制作的配方、培养料、容器与原种制作方法中的相同。为刺激菌丝的生长，也需对菌瓶进行摇动处理。选取长满瓶、生长茂盛、无污染的菌种，在无菌环境下，用接种工具搅拌原种使其散开。再用接种铲将原种接种至装有培养料的菌瓶中，摇动菌瓶，使原种均匀分布到培养料中，这样每个原种菌块都成为一个萌发点。一瓶原种至多可接种 30 个菌瓶，这在一定程度上可抑制杂菌的生长，提高栽培种的质量。接种完以后放入 25~28 ℃黑暗条件下培养，5 天以后，待菌丝菌圈扩至 2 厘米时，摇动 3~5 次，以刺激菌丝生长，一般 15 天左右即可长满菌瓶。

二、菌种制作相关设备要求

赤松茸菌种制作要有必需的设备，包括接种设备、灭菌设备、培养设备、保藏和化验设备、配料设备、分装设备等。这些设备必须达到生产的要求，以保证使用效果。

（一）接种设备

1. 接种箱

接种箱（图 3-3）又称无菌操作箱，是菌种扩繁转接的设备。要求密闭性好，是对称双斜面箱式结构，斜面可以门式开启，其上安装透明玻璃，玻璃门平面同人的视线成 135°夹角。接种箱两侧面各有两个直径 15 厘米的圆洞，两洞中心距离 40 厘米，每个洞口装有 40 厘米长的双层布套袖，袖口有松紧带，接种操作时，双手经两布套袖伸入箱内。箱内顶上安装有 40 瓦的紫外线灯和日光灯各一个。

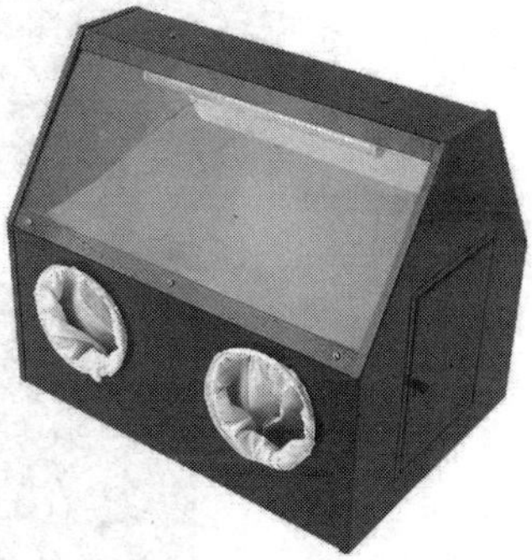

图 3-3　接种箱

2. 接种室

接种室（图 3-4）又称无菌操作室，面积一般 6~8 平方米，高 2 米；墙壁光滑，多为玻璃；地面平整光滑，以有利于清洁和消毒。接种室内有操作台，台上放置接种工具。接种室进口设一缓冲间（图 3-5），避免接种人员出入时门直接向外开，以防止未经消毒的空气将细菌带入室内。缓冲间规格为 1 米×2 米，缓冲间内备有已消毒的工作服、拖鞋、帽子和口罩等。接种室和缓冲间均为推拉门，可减缓开关门引起的空气流动。接种室顶端安装一个空气过滤器，可以抽走二氧化碳，并补充所需氧气，降低室内温度。接种室和缓冲间顶部各安装一个紫外线灯，在接种前

30 分钟开启，对空气中的悬浮微生物进行消毒和灭菌。

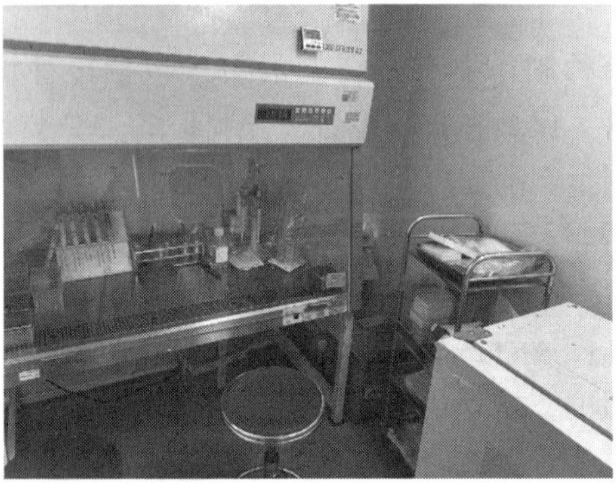

图 3-4　接种室

图 3-5　缓冲间

3. 超净工作台

超净工作台（图 3-6）是为了适应现代化工业、光电产业、生物制药以及科研试验等领域对局部工作区域洁净度的需求而设计的，由箱体、操作区和配电系统等组成。箱体包括负压箱、风机、静压箱、预过滤器、高效空气过滤器以及减震器、消音器等部分。其基本原理是当风机启动后，空气以一定的流量和流速通过预过滤器，初步清除粒径较大的尘埃并压入静压箱，再经过高效空气过滤器，滤去尘粒和菌体，使出风口（即操作区）形成无尘、无菌的洁净环境，确保无菌操作。高效空气过滤器能滤去粒径≥0.5微米的微粒。按照国际标准，0.5个≤每升空气中粒径微米的悬浮粒子数≤3.5个为100级，称为无尘无菌区。而大肠杆菌菌体为1~2微米，一般霉菌菌体为1.1~11微米，沉降尘埃粒径为1微米以上。因此，一般菌体、尘埃均能被阻挡在高效空气过滤器之外，使出风口达到洁净无菌的标准。

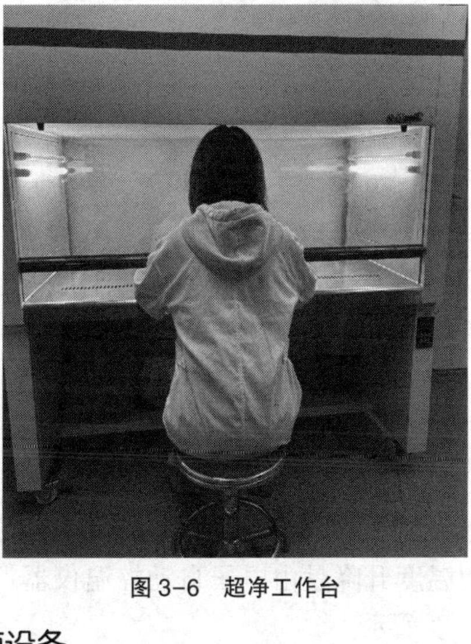

图3-6　超净工作台

（二）灭菌设备

灭菌设备主要包括高压蒸汽灭菌锅（图3-7）和常压灭菌锅，根据结构分为立式和卧式两种。高压蒸汽灭菌锅灭菌温度可达121 ℃（1.1千克/厘米^2）~126 ℃（1.5千克/厘米^2），灭菌时间根据灭菌材料而定，一般为0.5~3小时。常压灭菌锅内温度为 100~105 ℃，灭菌时间一般为 8~10 小时。常压灭菌注意事项如下：

（1）菌种瓶（袋）在锅内摆放要合理，叠放最多 5 层，尽可能放入周转筐内，这样灭菌效果才好。

（2）一定要在冷空气排放干净后再开始对灭菌时间计时。

（3）灭菌结束后，要趁热及时搬出灭菌物品。

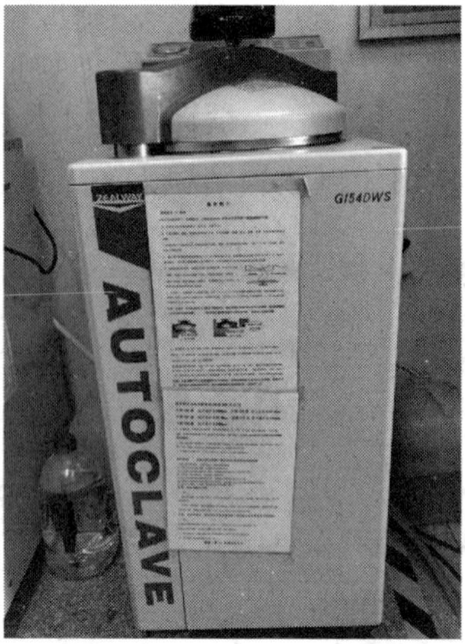

图 3-7　高压蒸汽灭菌锅

（三）培养设备

1. 恒温培养箱

恒温培养箱（图 3-8）是赤松茸母种和少量原种培养时必需的设备，箱内的温度升降是由电子自动控温仪器调节的。恒温培养箱内部如图 3-9 所示。

2. 培养室

培养室是用来培养赤松茸原种和栽培种的恒温室，每个培养室面积 20~50 平方米。要求空气流通、避光、入口处有缓冲间。

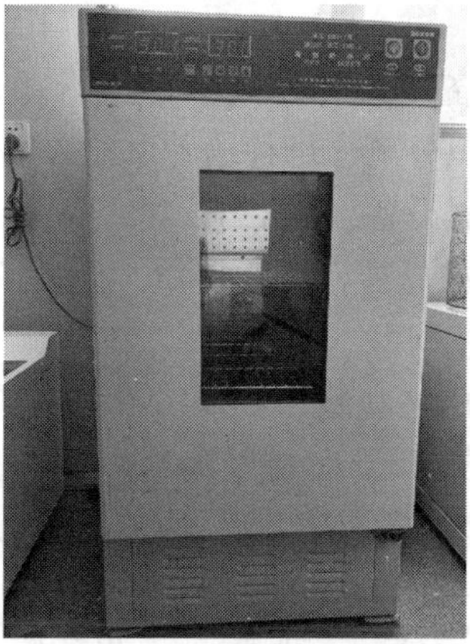

图 3-8　恒温培养箱

图 3-9　恒温培养箱内部

（四）保藏和化验设备

1. 菌种保藏室

菌种已经生产好但不能及时投入生产时，要移出培养室，放入保藏室。此时要求保藏室通风干燥，有通风和降温设备，避光。赤松茸在 15~20 ℃的温度下可以保藏 25~30 天，且不会影响菌种的质量。

2. 化验室

化验室又称准备室或工作室，是进行菌丝体显微观察、鉴定、孢子收集、组织分离、母种培养基制作等工作的地方，内有冰箱、显微镜等仪器设备。

（1）冰箱：存放母种，温度0~5 ℃，保藏时间3个月，3个月后转管培养后继续保藏。

（2）显微镜：用来观测和鉴定担孢子和菌丝体的质量。

（3）天平：用来称量配制母种培养基中微量元素或配制基础溶液的各种化学物质的仪器。按常用的天平分度值，应有1/100、1/1 000和1/10 000天平各一台。

（4）玻璃器皿：试管、培养皿、菌种瓶。试管主要用来培养母种，常用规格为18毫米×180毫米和20毫米×200毫米；培养皿又称玻璃平板，用作分离孢子和母种菌丝，常用的直径规格为10~12厘米；菌种瓶是用作培养原种、栽培种的容器，颜色选用白色或浅绿色，容量以750毫升为佳。

（5）其他用品：接种工具（如接种针、接种环、接种钩、接种锄、接种铲、接种匙、接种刀、解剖刀、剪刀、钢钩、镊子、弹簧、接种器等）、酒精灯、吸管、量筒、漏斗、钟罩、锅、电炉或者电磁炉等。

（五）配料设备

配料设备主要是指用于制作赤松茸原种和栽培种配料时所使用的基本设备，包括铡草机、拌料机等。

1. 铡草机

铡草机用于粉碎赤松茸的草料，铡草机切草长度可在2~10厘米的范围内调节，赤松茸一般要求草料长度为3~5厘米。

2. 拌料机

拌料机是将赤松茸的母种和栽培种的培养料主料和辅料进行充分搅拌，最后达到均匀的机器。

（六）分装设备

分装设备是指用于把培养基装入瓶子或袋子中的设备。分装设备主要有装瓶机、装袋机和装瓶装袋两用机。

三、常用培养基的配方及制作方法

（一）培养基

国内食用菌一般采取三级菌种生产体系，即母种—原种—栽培种；也有直接用母种接种栽培种的二级菌种生产体系。不管是几级菌种繁育体系，培养基的配方设计和制作都是必需的。培养基是赤松茸菌丝生长繁殖的营养基质，不同的菌种所需要的培养基也不一样。常用的培养基可分为以下几种。

1. 天然培养基

天然培养基包括自然界中的动植物体或者其中一部分；植物如麦粒、玉米粒、小米粒、马铃薯、胡萝卜等，植物的副产品如麸皮、米糠、豆饼、玉米粉、秸秆、糠壳等，动植物体的加工品如麦芽汁、酵母膏、牛肉膏等。天然培养基资源丰富，价格低廉。

2. 合成培养基

合成培养基是由成分已知的有机物或无机物按一定比例配制而成的，如用作碳源的葡萄糖、蔗糖、淀粉等有机物，用作氮源的蛋白胨、酵母膏等有机物，用作矿物质的氯化钙、硫酸钙、硫酸镁、磷酸二氢钾等。按照科学的配方配制的培养基主要用作菌丝的鉴定及定向选育。

3. 半合成培养基

半合成培养基是在天然培养基中加入成分已经确定的物质配制而成的，如在马铃薯培养基中加入葡萄糖、磷酸二氢钾等物质配制而成的培养基。这类培养基在赤松茸生产中应用最为普遍，取材容易，通过添加已知成分的物质还能用于专门用途。半合成培养基既能用于菇类生产，又可用于菌种筛选。

（二）母种培养基的配方和制作方法

1. 母种培养基的配方

（1）马铃薯 200 克、葡萄糖 20 克、琼脂 18～20 克、水 1 000 毫升，pH 值自然。

（2）马铃薯 200 克、蔗糖 20 克、琼脂 20 克、磷酸二氢钾 3 克、硫酸镁 2 克、水 1 000 毫升，pH 值自然。

（3）马铃薯 200 克、葡萄糖 20 克、琼脂 20 克、蛋白胨 5 克、磷酸二氢钾 3 克、硫酸镁 2 克、水 1 000 毫升，pH 值自然。

（4）麦芽糖酵母琼脂培养基：麦芽糖 20 克、蛋白胨 1 克、酵母 1 克、琼脂 18 克，加水定容到 1 000 毫升。

（5）马铃薯葡萄糖酵母琼脂培养基：马铃薯 300 克（加水 1 500 毫升，煮 20 分钟，过滤用滤汁）、大豆蛋白胨 1 克、酵母 2 克、琼脂 18 克、葡萄糖 10 克，加水定容至 1 000 毫升。

（6）麦芽粉麦芽糖酵母琼脂培养基：麦芽糖 10 克、麦芽粉 85 克、酵母 1 克、琼脂 18 克，加水定容至 1 000 毫升。

2. 母种培养基的制作方法

（1）煮制：将马铃薯去皮称取 300 克，切成小丁或者条状，放入不锈钢锅中或者铝锅中，加水 1 500 毫升，煮沸 15～20 分钟，马铃薯熟而不烂。用 4～6 层纱布过滤，滤液补水至 1 000 毫升，加热至沸腾，将琼脂加入不断搅动。待琼脂溶化后再依次加入酵母、大豆蛋白胨、葡萄糖等，保持煮成的容量为 1 000 毫升。

（2）分装和灭菌：煮成的培养基趁热倒入漏斗并分装于试管，培养基占试管容积的 1/5～1/4，塞好棉塞或者硅胶塞，塞 2/3 入试管内，留 1/3 在试管外。如果用棉塞则要用普通棉花，而不要用脱脂棉，因为脱脂棉容易吸水，污染率高。塞好棉塞后的试管每 4～5 个一捆，用报纸或者牛皮纸包好有棉塞的一头，竖立于灭菌锅中在 1.1 千克/厘米^2（121 ℃）的压力下灭菌 30～40 分钟。

（3）摆斜面：灭菌后趁热将试管取出，摆成斜面，斜面长是试管长的1/2。摆完斜面后要检查灭菌是否彻底，可随机抽取几支试管，放入25 ℃恒温箱内培养2~3天，如果未发现杂菌，则说明灭菌是彻底的。

（三）原种和栽培种培养基的配方和制作方法

1. 谷粒培养基的配方和制作方法

（1）小麦（大麦）粒培养基的配方和制作方法。

配方：小麦（大麦）粒87%、米糠5%、稻壳5%、石膏2%、生石灰1%。

制作方法：新鲜麦粒筛选干净，浸泡24~48小时，放入锅中煮至没有硬芯，捞出冷却。拌入辅料，装瓶或者袋灭菌2.5~3小时，出锅冷却至20 ℃以下。接种（每支试管母种可接种原种或栽培种4~6瓶或袋），移入培养室（24~28 ℃黑暗条件下）培养15~20天即可长满瓶或袋。

优点：省工、速度快；用量小、播种面积大，经济；体积小，可节约运输成本；发菌快。

（2）玉米粒培养基的配方和制作方法。

配方：新鲜玉米粒90%、麦麸7%、石膏2%、生石灰1%。

制作方法：新鲜玉米粒浸泡10~12小时，上锅煮至玉米粒没有硬芯，捞出冷却，拌入辅料，装瓶（或袋）后放入灭菌锅灭菌。

优点：原料来源广泛，营养丰富，成本低廉；设备简单，制作简单，容易掌握，省工省时；菌丝生长快，整齐健壮，转接率高。

2. 木屑培养基的配方和制作方法

配方：①木屑78%，稻壳10%，麸皮10%，石膏1%，生石灰1%，含水量65%；②木屑82%，麸皮15%，黄豆粉2%，石膏0.5%，生石灰0.5%，含水量65%；③木屑77%，稻壳20%，黄豆粉2%，生石灰0.5%，石膏0.5%，含水量65%；④木屑40%，玉米芯30%，稻壳10%，米糠17%，过磷酸钙1%，生石灰1%，石膏1%，含水量65%。

制作方法：拌料、测水分、调pH值、装袋、灭菌。

优点：转化木屑、稻壳、玉米芯等农林废弃物，减少环境污染；以木屑为主，与用其他秸秆制作的复合基质培养基相比，赤松茸产量较高，栽培出的赤松茸营养较为均衡，具有高纤维、低脂肪且富含氨基酸等特点。

3. 粪草培养基的配方和制作方法

(1) 草培养基的配方和制作方法。

配方：①干稻草63%，玉米粉4%，干牛粪25%，大豆粉3%，过磷酸钙3%，硫酸镁2%；②干稻草79%，麦麸20%，石膏1%。

制作方法：稻草切成3厘米长的段，浸透水后捞起沥水至不滴，拌入辅料，含水量65%左右。按常规装瓶、灭菌、培养。

优点：赤松茸产量较高；菇体结实、品质好；空心菇率、开伞率低。

(2) 粪培养基的配方和制作方法。

配方：干羊粪88%，碳酸钙12%。

制作方法：先将干羊粪浸湿，堆积12小时，使水分均匀渗入粪内，然后拌入碳酸钙即可。

优点：羊粪可为赤松茸提供丰富的养分，促进其生长和繁殖。

四、消毒和灭菌

消毒和灭菌贯穿于菌种制作过程的始终，往往决定着制种的成败。国内一些菌种企业制种失败的原因多是制种过程中不能严格按照操作规程操作，消毒和灭菌不彻底。

（一）消毒和灭菌的概念

(1) 消毒：是指用物理化学方法，杀灭培养料、物体表面及环境中的一部分微生物，但只能杀死营养体，不能杀死休眠体和芽孢。

（2）灭菌：是指在一定范围内用物理化学方法，彻底杀灭培养料内外、容器、用具和空气中的所有微生物营养体、休眠体和芽孢。

（二）消毒和灭菌的常用方法

（1）紫外线杀菌：用30~40瓦紫外线管灯照射20~30分钟。

（2）甲醛和高锰酸钾混合熏蒸：一般每立方米需要40%的甲醛10毫升、高锰酸钾7~8克进行熏蒸。

（3）使用消毒剂：用0.1%的升汞溶液浸过的纱布或海绵进行揩擦，或用喷雾器喷雾消毒，喷雾后20~30分钟，箱内的杂菌在和雾滴一起落到箱底后被杀死。

五、菌种操作相关技术方法

（一）菌种保藏方法

1. 菌种保藏的目的

菌种保藏的目的是防止菌种退化，确保菌种纯一，防止杂菌感染。

2. 菌种保藏的原理

菌种保藏主要是利用低温、干燥与缺氧的条件，中止菌种的繁殖，降低其新陈代谢，使其处于休眠状态。

3. 菌种保藏的方法

（1）斜面低温保藏法：将斜面菌种装入试管，置于4 ℃冰箱内保存，以后每隔2~3个月转管一次。

（2）液体石蜡保藏法：注入一层灭过菌的液体石蜡，使菌种与空气隔绝以降低其新陈代谢活动，然后在棉塞外包上塑料薄膜，一般可保存一年以上。

（3）木屑试管菌种保藏法：用杂木屑按原种的培养基配制后装入大号试管，装入量为管高的2/3，擦净管口，塞紧棉塞，用牛皮纸包扎管口后高压灭菌。然后移入母种，在 25~28 ℃下培养，待长满菌丝后，立即移到低温干燥环境保存，也可埋于尿素、硝酸铵或地洞中保存，效果很好，并能延长保存时间。

（4）冷冻干燥保藏法：采用真空、干燥、低温等手段，使菌种的新陈代谢活动处于相对静止状态，在低温下快速冷冻，又在低温下真空干燥，使菌种细胞的结构与成分保持在原来状态，从而保存菌种。

此外，还有沙土保藏法、液氮超低温保藏法、滤纸片保藏法、菌丝球生理盐水保藏法、麦粒保藏法、干孢子真空保藏法等。

（二）菌种分离方法

常用的菌种分离方法是子实体组织分离法。

1. 子实体组织分离法的概念

子实体组织分离法是指采用食用菌子实体或菌核、菌索的任何一部分组织培养纯菌丝体的方法。

2. 子实体组织分离法的操作技术要点

（1）选择种菇。

（2）种菇消毒。

（3）菇肉接种。

（4）培养。

（5）检查菌种分离情况。

（6）提纯。待平板中菌丝萌发，长到 1.5~2.5 厘米时进行菌种纯化，将长好的菌丝尖端培养基迅速转入准备好的试管中进行培养。特别注意：组织分离后得到的母种，必须经过出菇试验，符合标准后才能在生产中使用。

（三）菌种质量的鉴定

1. 母种

（1）母种的概念：母种是具有结实性的菌丝体纯培养物，也称一级菌种或试管种。

（2）母种的鉴定标准：洁白，健壮，无虫害，有菌菇香味。

2. 原种

（1）原种的概念：原种是由母种转接到木屑、谷粒等为主的培养基上扩大培养而成的菌丝体纯培养物，也称二级菌种。

（2）原种的鉴定标准：洁白，健壮，有凝水，不干燥。

3. 栽培种

（1）栽培种的概念：栽培种是由原种转接、扩大到相同或相似的培养基上培养而成的菌丝体纯培养物，可直接应用于生产，也称三级菌种。

（2）栽培种的鉴定标准：洁白，健壮，有凝水，不干燥，栽培时间一般不超过 40 天。

（四）液体菌种的概念和特点

1. 液体菌种的概念

液体菌种（图 3-10）是指采用液体培养基生产的菌丝体纯培养物。菌丝体在培养基中呈絮状或球状。

图 3-10 赤松茸液体菌种

2. 液体菌种的特点

（1）液体菌种的优缺点。

1）优点：周期短、产量高；菌龄一致、菌丝繁殖快；产生的活性物质（蛋白质、粗多糖、氨基酸）多；菌体污染少；便于进行机械化接种，在工业化、机械化程度高的部门具有明显优势。

2）缺点：需要特殊的设备，消毒灭菌要求严格；菌丝老化快；不易贮运；掌握不好技术，危险性大。

（2）液体菌种的制种设备：摇床、搅拌罐、液体菌种培养罐。

（3）液体菌种的发酵工艺：采用逐级扩大的模式，容器一般为试管斜面→一级摇瓶→二级培养小型发酵堆→大型发酵罐。液体菌种制作过程中的消毒、灭菌非常重要。

（五）菌种退化的原因、危害和预防措施

1. 引起菌种退化的原因

菌种不纯和基因突变是引起菌种退化的主要原因；另外，温度过高、不同菌株的混合栽培等也都会引起菌种退化。

2. 菌种退化的危害

菌种退化会导致菌丝体生长缓慢；对环境、杂菌等的抵抗力变弱，子实体形成期提前或推后；出菇潮次不明显；等等。

3. 防止菌种退化的措施

（1）保证菌种的纯培养，不要用被杂菌污染的菌种。

（2）严格控制菌种传代次数，减少机械损伤，保证菌种活力。

（3）适当低温保存菌种。

（4）避免在单一培养基中多次传代。

（5）菌种不宜过长时间使用。

（6）菌种要定期进行复壮。

（7）每年进行孢子分离，以有性繁殖来发现优良菌株，以组织分离来巩固优良菌株，保持遗传特性。

六、种质资源创新和新品种选育

菌种是食用菌的“芯片”，种质资源创新对赤松茸的产量、品质、抗病性、抗逆性等方面都具有深远影响，是推动产业升级的关键因素。近年来，赤松茸的种质资源选育取得了显著成就，

目前已选育出多个新品种。

（一）中菌金球盖1号

1. 选育过程

中菌金球盖 1 号是由中华全国供销合作总社昆明食用菌研究所（云南省食用菌产业发展研究院）通过采集自然变异菇体，经菌株分离、初筛、复筛、中间试验和示范栽培，选育出的稳产、高产菌株。2020 年被命名为“中菌金球盖 1 号”，商品名为金松茸。2021 年 3 月 22 日，云南省种子管理站组织专家进行了品种鉴定。

2. 品种特性

中菌金球盖 1 号子实体丛生或单生，中等至较大，菌盖接近半球形，成熟后趋于扁平，直径一般为 5~25 厘米，较大的可达 30 厘米。子实体生长初期菌盖为金黄色，后期为浅黄色。菌褶密集排列且直生，初期白色，后期米黄色至浅灰色。在适宜采收期，菌柄长度一般为 8~12 厘米，菌柄直径一般为 4~7 厘米，呈白色。

3. 产量及适宜栽种地区

中菌金球盖 1 号商品性状好，亩均产量在 2 000 千克以上，适宜在全国范围内推广。

（二）大球盖菇1号

1. 选育过程

大球盖菇 1 号是由四川省农业科学院土壤肥料研究所在 2004 年通过对野生大球盖菇进行组织分离和选育而成的新品种。该品种经过四川省农作物品种审定委员会的审定并被认证为大球盖菇新品种。

2. 品种特性

大球盖菇 1 号单生或簇生，菌盖赭红色，具有灰白色鳞片，直径 8~12 厘米，边缘具有白色菌幕残片；菌柄白色，直径 1.5~4 厘米，长 6~8 厘米；菌褶污白色至暗褐紫色；菌环膜质，双层，具条纹。出菇温度为 10～20 ℃，菇潮不明显。该品种产量高，转潮快，生物学效率在 35%左右，高的可达 45%。

3. 产量及适宜栽种地区

大球盖菇 1 号的产量表现比对照品种（福建大球盖菇）增产 10%～17%，子实体单重大，可达 400 克。大球盖菇 1 号可在我国大部分地区栽培，北方地区的播种时间为 8～10 月，南方地区的播种时间为 10～12 月，每亩地需要投入新鲜干稻草 5 000 千克。

（三）球盖菇 5 号

1. 选育过程

球盖菇 5 号是由上海市农业科学院食用菌研究所从美国引进的品种中系统选育出来的，2004 年通过上海市品种认定，被认定为大球盖菇新品种。

2. 品种特性

球盖菇 5 号菌丝洁白浓密，有茸毛状气生菌丝。子实体单生或丛生，单个子实体大小差别极大，小的一朵约 10 克，大的可超过 200 克。子实体菌盖酒红色，被有茸毛，菌柄色白、粗壮，子实层灰色至灰黑色，能产生大量担孢子，担孢子紫黑色。子实体应在形成大量黑紫色担孢子前适时采收，子实体菌柄虽粗但口感嫩滑爽脆、味道柔和，适合鲜食，也可晒干或烘干后食用，浸水回软后口感不变。

3. 产量及适宜栽种地区

球盖菇 5 号的熟料和生料栽培模式分别达到每平方尺（1 平方尺=0. 111 1 平方米）0. 75 千克和 0. 5 千克，该品种适宜在长江流域及其以南地区自然环境条件下生长。

（四）明大 128

1. 选育过程

明大 128 是由福建省三明市真菌研究所选育的，经国家农作物品种审定委员会认定为大球盖菇新品种。

2. 品种特性

明大 128 菌盖光滑或有皱纹，幼时半球形，后渐伸展至扁平，中央稍突起，直径 3~5 厘米，初期深褐色、茶褐色，后渐变为淡褐色至淡土黄色，平滑或中部有较多条纹。具有出菇快、产量高、抗逆性强等特点。

3. 产量及适宜栽种地区

明大 128 在福建省三明市等地的种植情况较好，也被广泛推广到全国各地。

（五）黑农球盖菇1号

1. 选育过程

黑农球盖菇 1 号是由黑龙江省农业科学院畜牧研究所 2009 年从我国南方引进，经多年研究和生产推广而形成的适合北方寒地的新品种，通过了黑龙江省农作物品种审定委员会的认定。

2. 品种特性

黑农球盖菇 1 号菌盖酒红色，菌丝生长健壮，抗杂能力强，菇柄粗、菌盖厚，以农作物秸秆为主要栽培原料，具有符合市场需求、优质高产的突出特性。该品种可露地种植，适应温度范围广，并可通过套种玉米、水稻育秧棚和林地等方式栽培，出菇后可以将培养料直接耕翻回田，培肥地力，实现绿色、环保的农业生产。

3. 产量及适宜栽种地区

黑农球盖菇 1 号露地生产平均每亩纯收入可达 5 000 元，适宜在黑龙江省及相似气候条件下的北方寒冷地区栽种。

（六）山农球盖 3 号

1. 选育过程

该品种是由山东农业大学通过单孢杂交育种技术选育的大球盖菇新品种，2018 年通过了山东省农作物品种审定委员会的认定。

2. 品种特性

山农球盖3号具有菌丝耐高温，出菇期长，产量高，抗杂能力强等特点，有效解决了生产上初秋早播菌丝不耐高温、晚秋播种来年春末夏初子实体易开伞的问题。

3. 产量及适宜栽种地区

山农球盖3号可在全国范围内种植，亩产量可达3 000千克。

（七）黄球盖1号

1. 选育过程

黄球盖1号是2020年由成都农业科技职业学院与成都市农林科学院从“大球盖菇1号”的黄色变异株中选育出来的，通过了四川省非主要农作物品种认定委员会认定的大球盖菇新品种。

2. 品种特性

黄球盖1号子实体单生、双生或丛生。菌盖黄色（与传统品种酒红色菌盖对比鲜明），半球形，直径3~15厘米，菌肉色白、肥厚。菌褶初期为浅灰色，后渐变成灰黑色。菌柄中生，白色至淡黄色，柄长3~12厘米，柄粗2~6厘米。菌环浅黄色，深裂成若干片段，先端向上卷并与菌盖连接在一起。菌丝体白色茸毛状，气生菌丝明显，有锁状联合，菌丝最适生长温度为24~28 ℃，子实体最适生长温度为12~25 ℃。从播种到采收约200天，该品种菌丝旺盛浓密，长速快，抗逆性与适应性强，能提早出菇，生料生物转化率在60%以上。

3. 产量及适宜栽种地区

黄球盖1号平均亩产量为2 065.4千克，与大球盖菇1号产量相当。四川省适宜种植大球盖菇1号的区域都可以种植黄球盖1号。一般在9~10月播种（攀西地区及甘孜、阿坝、凉山三州除外），11月至来年4月采收。

（八）川球盖2号

1. 选育过程

川球盖2号由成都市农林科学院都市现代农业与信息研究所和成都市科创菌业有限公司共同选育而成，由四川省非主要农作物品种认定委员会认定。

2. 品种特性

川球盖2号子实体单生、丛生或群生。菌丝白色茸毛状，粗壮，气生菌丝明显。子实体幼菇菌盖近半球形，表面有纤毛状鳞片，湿润时表面稍有黏性。菌盖红褐色至深酒红色，边缘内卷，常附有菌幕残片。菌肉肥厚，色白。菌褶直生，排列密集，初为白色，孢子弹射后逐渐变成紫黑色。孢子印紫褐色，孢子棕褐色，椭圆形，（11~20）微米×（6~9）微米。菌柄中生，白色至淡黄色，近圆柱形，部分基部稍膨大，柄长5~20厘米，柄直径2~4厘米，早期中实有髓，成熟后逐渐中空。从播种到初始现蕾最早需30天。菌丝生长最适温度为24~28 ℃；子实体形成最低温度为4 ℃，生长发育最适温度为8~18 ℃。

3. 产量及适宜栽种地区

川球盖2号性状稳定，适宜于四川平坝地区露地、大棚、果园及林木下栽培，一般9月中旬至10月上旬为最适播种期，11月至来年4月为出菇期。林地因温度比露地偏低，可在9月中上旬播种，11月中上旬开始采收，平均亩产量超过2 500千克，比对照品种大球盖菇1号增产9.4%。

（九）球盖菇18

1. 选育过程

球盖菇18是由杭州市农业科学院蔬菜研究所主栽品种明大128多孢自交、系统选育而成的，经浙江省农业农村厅和杭州市农业农村局认定。

2. 品种特性

球盖菇18子实体单生或丛生，菌盖呈深褐色至黑色，有鳞片，初期呈扁半球形，后期近平展。菌肉色白，不变色，质地细嫩，具蘑菇香味。菌褶初期白色，后变深褐色至黑色。菌柄近圆柱形，中生，较粗壮，污白色，后期变至黑褐色，内部松软至空心。担孢子黑褐色，卵圆形至近球形。

3. 产量及适宜栽种地区

球盖菇18平均产量为7.74千克/米^2，生物转化率为77.4%，比对照品种明大128增产10.5%。球盖菇18具有产量高、品质优、适应性强等特点，适合在浙江省及相似气候条件下的地区种植。

（十）其他新品种

除了上述得到广泛推广的赤松茸新品种外，还有其他一些经过选育而得到的新品种。如上海市农业科学院通过对球盖菇5号进行多孢自交后代选育而成功培育的‘申球2号’，对SIEF3541（SIEF表示上海市农业科学院食用菌研究所标本室，SIEF3541为标本号）进行突变后再进行定向选育而获得的‘申球3号’；江西省农业科学院园艺研究所成功选育的赣球盖菇1号和赣球盖菇5号。

这些新品种的选育和推广应用，进一步丰富了大球盖菇的种质资源库，为食用菌产业的多样性发展提供了更多的选择。随着科研技术的不断进步和创新，相信未来会有更多具有优良性状的大球盖菇新品种问世，为食用菌产业的持续发展注入新的活力并满足消费者对高品质食用菌的需求。

第二节　生长发育特性

根据赤松茸生长发育过程中的形态变化特征，可将其生长发育过程划分为 5 个阶段（S1～S5），不同阶段的赤松茸形态见图 3-11。S1 阶段为幼菇期；S2 阶段为菌褶期，菌环未展开，菌盖呈尖顶半球形；S3 阶段为成熟早期，菌环未展开，菌盖呈半球形，且菌柄伸长；S4 阶段为成熟期，菌环展开与菌柄断开连接；S5 阶段为开伞期，菌盖进一步增大，菌褶紫褐色，孢子成熟。整个生长发育过程中菌盖直径为（3.03±0.31）～（11.50±0.87）厘米，菌柄长度为（3.83±0.21）～（12.50±0.50）厘米。表 3-1 中列出了不同发育阶段赤松茸的菌盖直径和菌柄长度。随着生长发育，赤松茸的营养成分和滋味物质会随子实体的生长发育而发生变化。

S1：幼菇期　S2：菌褶期　S3：成熟早期　S4：成熟期　S5：开伞期

图 3-11　不同发育阶段的赤松茸

表 3-1　不同发育阶段赤松茸的菌盖直径和菌柄长度　（单位：厘米）

发育阶段	S1	S2	S3	S4	S5
菌盖直径	3.03±0.31	5.13±0.32	6.83±0.29	9.20±0.52	11.50±0.87
菌柄长度	3.83±0.21	7.50±0.50	8.50±0.50	12.00±1.00	12.50±0.50

一、不同发育阶段赤松茸营养成分的动态变化

不同发育阶段赤松茸的水分、灰分、粗蛋白、粗纤维、总糖

和粗脂肪的含量如表 3-2 所示。S1 阶段水分含量最低，此阶段灰分含量高；与 S1 阶段相比，之后几个阶段水分含量显著提高，灰分含量显著下降。粗蛋白含量在 S1~S4 阶段变化不显著（$P<0.05$），而在 S5 阶段显著低于其他阶段（$P<0.05$）；粗蛋白含量在不同阶段都高于 45%，最高达到 50.75%±0.12%。粗纤维含量在生长发育过程中呈现先上升后下降的趋势，S2 和 S3 阶段显著高于 S1、S4、S5 阶段。总糖含量在生长发育过程中存在累积，即随着赤松茸的生长发育，总糖含量呈上升趋势，其中 S1 阶段的总糖含量最低，为 28.67%±0.47%；S5 阶段的总糖含量最高，为 38.53%±0.14%。粗脂肪含量在生长发育过程中呈先降低后略升高的趋势，相比于其他 4 个阶段，S3 阶段的粗脂肪含量最少，为 1.15%±0.06%。

表 3-2 不同发育阶段赤松茸的营养成分含量　　（单位：%）

发育阶段	S1	S2	S3	S4	S5
水分	87.44± 0.09	91.54± 1.01	91.84± 0.08	92.43± 0.79	90.68± 0.17
灰分	1.08±0.04	0.81±0.08	0.71±0.07	0.56±0.12	0.69±0.06
粗蛋白	49.13± 0.25	50.75± 0.12	49.04± 0.05	50.13± 0.96	45.56± 0.32
粗纤维	5.86±0.06	6.21±0.08	6.34±0.16	5.72±0.09	5.67±0.12
总糖	28.67± 0.47	31.38± 0.25	33.18± 0.23	35.47± 0.59	38.53± 0.14
粗脂肪	1.45±0.03	1.43±0.04	1.15±0.06	1.28±0.05	1.25±0.07

二、不同发育阶段赤松茸的质构特征

质构分析（texture profile analysis，TPA）又被称为两次咀嚼测试，是一种科学有效的分析食品质构的方法，可通过质构仪探头模拟人的牙齿在两次咀嚼过程中时间和力的变化规律，经过软件分析得出硬度、咀嚼性、黏聚性、黏着性、弹性、脆性、胶黏性和回复性等质构特性参数。在 TPA 实验中，随着探头不断下压，物体表现出对外力的抵抗，当作用力达到一定程度时，样品组织内的分子结构被破坏，可以反映其硬度；咀嚼性则表现为样品对咀嚼的持续抵抗能力；黏聚性是指在受外力作用时，样品在破裂前所能达到的形变程度。随着赤松茸的生长发育，菌盖和菌柄的硬度和咀嚼性，总体上呈先升高后降低的趋势，在 S2 阶段菌盖的硬度和咀嚼性达到最大值；在 S5 阶段菌盖的硬度降低到最小值，咀嚼性也降低；菌柄硬度和咀嚼性在 S4 阶段达到最大值。在赤松茸生长发育中后期（成熟早期到开伞期），菌柄的硬度和咀嚼性均高于菌盖的硬度和咀嚼性。对于黏聚性，在赤松茸整个发育过程中，菌柄无显著性变化，而菌盖变化趋势呈“M”形，且较菌柄黏聚性高，说明菌盖具有更佳的抵抗受损而保持完整性的能力。

三、不同发育阶段赤松茸的游离氨基酸含量

氨基酸不仅具有重要的生理功能，也在食用菌呈味方面发挥了重要作用，且氨基酸的种类及含量会直接影响食用菌的风味。如表 3-3 所示，在 5 个发育阶段（S1~S5）的赤松茸中均检出常见的 20 种氨基酸。在 S1~S5 阶段，游离氨基酸总量为（73.86±0.49）~（93.83±0.47）毫克/克，总体呈先升高后降低的趋势。S2、S3 及 S4 阶段的游离氨基酸总量显著高于 S1 和 S5 阶段，S4 阶段达到最大，为 93.83±0.47 毫克/克；其次是 S2、S3 阶段，分别为 90.59±0.54 毫克/克和 89.72±1.41 毫克/克；S5 阶段最低，为 73.86±0.49 毫克/克。

表 3-3　不同发育阶段赤松茸的游离氨基酸含量　　（单位：毫克/克）

游离氨基酸	S1	S2	S3	S4	S5
天冬氨酸	2.41±0.04	2.77±0.01	2.50±0.03	3.06±0.03	2.36±0.01
谷氨酸	7.07±0.02	8.79±0.16	7.37±0.01	9.92±0.06	6.37±0.04
丙氨酸	4.14±0.06	4.70±0.02	3.84±0.06	4.80±0.01	4.16±0.02
甘氨酸	1.29±0.02	1.56±0.01	1.28±0.02	1.47±0.01	1.07±0.01
脯氨酸	1.21±0.08	1.43±0.00	1.23±0.02	1.47±0.04	1.05±0.03
丝氨酸	3.80±0.04	4.69±0.03	4.72±0.03	5.06±0.02	3.68±0.02
苏氨酸	3.51±0.10	4.24±0.03	3.98±0.01	4.24±0.02	3.52±0.01
组氨酸	2.66±0.02	3.17±0.01	2.93±0.03	3.26±0.01	2.54±0.01
异亮氨酸	0.83±0.04	1.05±0.05	0.95±0.06	1.19±0.02	0.90±0.00
亮氨酸	1.40±0.01	1.74±0.02	1.62±0.06	1.94±0.03	1.61±0.01
甲硫氨酸	0.10±0.00	0.13±0.00	0.13±0.00	0.16±0.00	0.17±0.00
苯丙氨酸	1.70±0.05	1.66±0.03	1.58±0.03	1.91±0.03	1.77±0.04
缬氨酸	2.09±0.04	2.55±0.03	2.43±0.04	2.67±0.01	2.26±0.01
精氨酸	3.28±0.09	3.99±0.16	4.66±0.06	4.72±0.03	5.68±0.01
色氨酸	0.51±0.02	0.55±0.00	0.53±0.00	0.58±0.00	0.46±0.01
酪氨酸	1.48±0.00	1.58±0.00	1.51±0.04	1.46±0.02	1.50±0.01
赖氨酸	3.87±0.01	4.45±0.02	4.31±0.04	4.24±0.01	3.77±0.01
半胱氨酸	0.22±0.00	0.28±0.00	0.27±0.01	0.32±0.00	0.30±0.00
天冬酰胺	3.87±0.03	4.62±0.05	4.30±0.05	4.82±0.01	3.14±0.01
谷氨酰胺	32.76±0.18	36.64±0.03	39.59±1.01	36.54±0.46	27.55±0.40
鲜味氨基酸	9.49±0.05	11.56±0.17	9.87±0.02	12.89±0.09	8.73±0.03
甜味氨基酸	13.94±0.15	16.63±0.10	15.05±0.08	17.04±0.01	13.48±0.08
苦味氨基酸	12.58±0.11	14.84±0.17	14.83±0.16	16.43 ±0.07	15.39±0.00
无味氨基酸	42.19±0.19	47.56±0.10	49.98±1.15	47.37±0.49	36.26±0.44
总量	78.19±0.51	90.59±0.54	89.72±1.41	93.83±0.47	73.86±0.49

注：鲜味氨基酸包括天冬氨酸和谷氨酸；甜味氨基酸包括苏氨酸、丝氨酸、脯氨酸、甘氨酸和丙氨酸；苦味氨基酸包括缬氨酸、甲硫氨酸、异亮氨酸、亮氨酸、苯丙氨酸、组氨酸、色氨酸和精氨酸；无味氨基酸包括酪氨酸、赖氨酸、半胱氨酸、谷氨酰胺和天冬酰胺。

在赤松茸生长发育过程中，游离鲜味氨基酸、甜味氨基酸和苦味氨基酸的含量在 S4 阶段最高，分别为 12.89±0.09 毫克/克、17.04±0.01 毫克/克、16.43±0.07 毫克/克。根据鲜味氨基酸的划分规则，鲜味氨基酸含量有低（<5 毫克/克）、中（5~20 毫克/克）、高（>20 毫克/克）3 个水平，可知不同发育阶段赤松茸的鲜味氨基酸含量都在中等水平，鲜味氨基酸中以谷氨酸占比较高，均在 70%以上，其中在 S4 阶段占比最高。甜味氨基酸中，丝氨酸、丙氨酸和苏氨酸贡献较大，三者的总含量占甜味氨基酸总量的 80%以上。

四、不同发育阶段赤松茸的 5′-核苷酸含量

5′-核苷酸中的 5′-鸟苷酸（5′-GMP）、5′-肌苷酸（5′-IMP）和 5′-尿苷酸（5′-UMP）能够产生强烈的呈味作用，也是赤松茸独特风味的来源之一，其对甜味、肉味有一定增效作用，且能够抑制咸、酸、苦、腥和焦味，而且 5′-肌苷酸的增鲜协同作用是单独使用谷氨酸钠的 7 倍左右，5′-鸟苷酸的增鲜程度可达到单独使用谷氨酸钠的 30 倍。谷氨酸钠为谷氨酸的钠盐，是国内外应用最为广泛的鲜味剂，是生活中常用的调味料味精的主要成分。由表 3-4 可知，在赤松茸生长发育过程中，5′-核苷酸总量先升高后降低，S2 阶段的 5′-核苷酸含量最高，为 9.13±0.15 毫克/克，S5 阶段含量最低，为 5.84±0.12 毫克/克。有相关研究将风味核苷酸的含量分为低（<1 毫克/克）、中（1~ 5 毫克/克）和高（>5 毫克/克）3 个等级。显然，5 个阶段赤松茸的 5′-核苷酸总含量均处于高等级。在不同发育阶段 5′-胞苷酸的含量相对较高（除 S2 外），为（1.60±0.07）~（2.43±0.11）毫克/克，其次是 5′-黄苷酸（5′-XMP）和 5′-鸟苷酸，再次是 5′-腺苷酸、5′-肌苷酸（5′-AMP）和 5′-尿苷酸。

表 3-4　不同发育阶段赤松茸的 5′-核苷酸含量　（单位：毫克/克）

5′-核苷酸	S1	S2	S3	S4	S5
5′-胞苷酸	2.43±0.11	2.03±0.08	2.42±0.08	1.60±0.07	1.89±0.08
5′-尿苷酸	0.19±0.16	0.89±0.08	0.63±0.03	0.44±0.00	0.40±0.01
5′-鸟苷酸	1.78±0.07	2.12±0.09	1.67±0.08	0.93±0.06	0.89±0.07
5′-肌苷酸	0.50±0.02	0.46±0.09	1.29±0.02	0.94±0.01	0.77±0.06
5′-黄苷酸	2.21±0.04	2.79±0.11	1.66±0.01	1.51±0.02	1.23±0.01
5′-腺苷酸	0.88±0.10	0.84±0.02	0.80±0.01	0.75±0.01	0.66±0.03
总量	7.99±0.14	9.13±0.15	8.47±0.10	6.17±0.09	5.84±0.12

五、不同发育阶段赤松茸的风味评价

滋味活性值（taste activity value，TAV）是样品中呈味物质的测定值与其滋味阈值之比，通常用来评估滋味强度。当滋味活性值小于 1 时，说明该物质对整体滋味贡献不明显；当滋味活性值大于 1 时，该物质对整体滋味贡献较大。赤松茸的滋味活性值在 S2 阶段最大（为 112.15）；其次是 S4 和 S3 阶段，分别为 107.05 和 104.11；S1 和 S5 阶段的滋味活性值相对较低，分别为 94.18 和 90.32（表 3-5）。对赤松茸滋味贡献较大的氨基酸分别为谷氨酸（鲜味）、组氨酸（苦味）、精氨酸（苦味）、丙氨酸（甜味）和缬氨酸（苦味），其中，谷氨酸、丙氨酸、组氨酸和缬氨酸在 S4 阶段滋味活性值达到最大。5′-核苷酸中对赤松茸滋味影响较大的是 5′-鸟苷酸，随着赤松茸的生长发育，滋味活性值呈现出先升高后降低的趋势，在 S2 阶段达到最大值 16.96，S5 阶段降为最低值 7.12；而 5′-肌苷酸和 5′-腺苷酸对赤松茸滋味的贡献较小。

表 3-5　不同发育阶段赤松茸滋味物质的滋味活性值　（单位：毫克/克）

滋味物质	阈值	滋味活性值 TAV				
		S1	S2	S3	S4	S5
天冬氨酸	1.00	2.41	2.77	2.50	3.06	2.36
谷氨酸	0.30	23.56	29.30	24.57	33.07	21.23
丙氨酸	0.60	6.90	7.83	6.40	8.00	6.93
甘氨酸	1.30	0.99	1.20	0.98	1.13	0.82
脯氨酸	3.00	0.40	0.48	0.41	0.49	0.35
丝氨酸	1.50	2.53	3.13	3.15	3.37	2.45
苏氨酸	2.60	1.35	1.63	1.53	1.63	1.35
组氨酸	0.20	13.30	15.85	14.65	16.30	12.70
异亮氨酸	0.90	0.92	1.17	1.06	1.32	1.00
亮氨酸	1.90	0.74	0.92	0.85	1.02	0.85
甲硫氨酸	3.00	0.03	0.55	0.53	0.64	0.59
苯丙氨酸	0.90	1.89	1.84	1.76	2.12	1.97
缬氨酸	0.40	5.23	6.38	6.01	6.68	5.65
精氨酸	0.50	6.56	7.98	9.32	9.44	11.36
色氨酸	ND	—	—	—	—	—
酪氨酸	0.91	1.63	1.74	1.66	1.60	1.65
赖氨酸	0.50	7.74	8.90	8.61	4.48	7.54
半胱氨酸	ND	—	—	—	—	—
5′-腺苷酸	0.50	1.76	1.68	1.60	1.50	1.32
5′-肌苷酸	0.25	2.00	1.84	5.16	3.76	3.08
5′-鸟苷酸	0.13	14.24	16.96	13.36	7.44	7.12
总滋味活性值	—	94.18	112.15	104.11	107.05	90.32

注：ND 表示未找到相应阈值；—表示未计算。

鲜味是食用菌最突出的味觉特征，且当鲜味氨基酸与呈味5′-核苷酸同时存在时，二者协同可以显著提高鲜味强度，等鲜浓度值（equivalent umami concentration，EUC）量化了鲜味氨基酸和鲜味核苷酸的协同作用。等鲜浓度值是指在100克干样品中，呈鲜物质的总量采用谷氨酸钠（MSG）的含量表示。随着赤松茸的生长发育，等鲜浓度值先增高后降低，其中S2阶段的等鲜浓度值最大，为788.66克MSG/100克。从鲜味氨基酸和核苷酸来看，S2阶段的鲜味氨基酸和核苷酸含量处于较高水平，因此其等鲜浓度值也高于其他几个阶段。而S5阶段的等鲜浓度值最低，仅为295.64克MSG/100克，因而S5阶段的鲜味氨基酸和核苷酸含量最低。由此看出，随着赤松茸的生长发育，鲜味物质不断减少，尤其成熟后期等鲜浓度值下降较快，要获得具有较好鲜味的赤松茸，适时采收就很有必要。味精的味觉阈值为0.03克/100克，而赤松茸在S2阶段（菌褶期）的等鲜浓度值为788.66克MSG/100克，即每1克赤松茸子实体所具有的鲜味强度与约7.89克谷氨酸钠（味精）产生的鲜味强度相当。MAU将等鲜浓度值划分为4个水平，以评价食品的鲜味。第一水平，等鲜浓度值>1 000克MSG/100克；第二水平，等鲜浓度值为100~1 000克MSG/100克；第三水平，等鲜浓度值为10~100克MSG/100克；第四水平，等鲜浓度值<10克MSG/100克。由此可见，不同发育阶段赤松茸的等鲜浓度值均位于第二水平。

第四章　赤松茸的栽培管理与病虫害防治

第一节　赤松茸的栽培管理

一、栽培方式

赤松茸在室内外均可进行栽培，其栽培方式可分为畦栽、层架式栽培、地坑式栽培和箱（框）式栽培。目前，赤松茸栽培大多采用室外裸地遮阳棚畦栽和保护地温室栽培，以及在林下栽培或与农作物间作套种。

近些年，将赤松茸在柑橘、板栗、桑树、玉米行间或冬闲田里进行立体种植，取得了明显的经济效益、生态效益和社会效益，其好处有：

（1）可以提高土地的利用率和复种指数，扩大土地的覆盖面积，减少了水土流失，蓄积了水分，提高了果树、玉米等的防寒抗旱能力。

（2）树木和高秆作物为赤松茸的生长创造了遮阳、保湿的生态环境。

（3）树木、粮食作物和蔬菜在光合作用下释放出的氧气可以充分满足赤松茸对氧气的需求，赤松茸排出的二氧化碳又可以供给树木、粮食作物和蔬菜吸收，以增强其光合作用能力。

（4）果园林下和菜园里的土壤肥沃，为赤松茸的高产提供了良好的菌床和覆土材料。

（5）产菇后的废料又直接返回到田地，为田地提供了优质肥料。

因此，赤松茸与果、林、粮、菜实行间作套种，可以实现营养互补、气体互补、生态互补，形成了以食用菌为生物链的良性循环。

二、栽培时间

赤松茸属于中温型菌类，适应温度较广，在 4~30 ℃温度条件下均可出菇，但其原基形成和发育的最适温度为 15~26 ℃，而从点菌到菌丝发育成熟，需要 50 天。因此，各地最适播种时间应根据当地的气候条件，以 15~26 ℃的最适温度为准，向前推算 50 天左右即为该地的适宜播种期。

在我国北方地区，赤松茸一年之中可进行春秋两季栽培。春季点菌时间一般在 2 月中旬至 4 月中旬，当气温回升至 8 ℃以上时即可进行播种操作，出菇时间为 4 月中旬至 6 月；秋季一般在夏末秋初（9~10 月），当气温降至 30 ℃以下时即可进行播种，10 月下旬开始出菇，在温室条件下可出菇到 11 月，在露天条件下到来年 4 月又可出菇。但春秋两季播种均不可晚，否则春播遇高温会影响出菇，秋播遇低温易造成发菌不良。

我国南方（以福建为例），除 7~9 月因气温太高（大多在 30 ℃以上）不利于出菇外，其他月份赤松茸均可正常生长，基于这种气候特点，可以选 9~12 月和 12 月至来年 2 月两个点菌期。7~9 月白天气温较高，一般都在 30 ℃以上，不宜出菇。

我国北方和南方的高海拔山区，秋季点菌时间可适当提前，春季点菌时间可适当推后。

三、生长条件

（一）营养

赤松茸对营养物质的需求以碳源和氮源为主，此外还需要微量的无机盐类和维生素。赤松茸是一种草腐菌，分解利用纤维素、半纤维素的能力很强，通常选用作物秸秆，如稻草、玉米秆、大豆秆、小麦秆、大麦秆等栽培，也可使用木屑、细玉米芯等栽培，但常用稻草、稻壳及小麦秆等栽培。依据栽培原料可将其分为熟料栽培和生料栽培，但多以生料为主，生料一定要新鲜、足够干，避免隐藏大量的霉菌、跳虫、螨、线虫等。但赤松茸栽培原料不宜使用棉籽壳，也不需要额外添加氮肥、磷肥和钾肥，添加了这些反而会影响赤松茸菌丝的生长。此外，培养原料内可适量添加腐熟好的厩肥，但用量不宜超过 5%。

（二）温度

赤松茸子实体生长温度为 5~30 ℃，最适温度为 23~27 ℃。菌丝生长温度为 5~35 ℃，最适温度为 21~27 ℃，低于 10 ℃时，菌丝生长极为缓慢；高于 35 ℃时，菌丝死亡。

（三）水分

水分对赤松茸的菌丝和子实体的生长影响很大，所以栽培过程中要特别注意。菌丝生长原料基质含水量应在 60%~70%，若水分过高，会使培养料发黑，菌丝生长细弱，甚至不长，最后造成绝收；若水分过低，会使培养料干燥，菌丝萎缩死亡。菌丝生长阶段要求空气相对湿度为 70%~75%。子实体生长发育期生长原料的含水量在 70%~80%，空气相对湿度应控制在 90%~95%，覆土层含水量为 30%左右。

（四）光照

菌丝生长阶段不需要光照，子实体生长期需要散射光，200~500 勒克斯光照有利于促进原基分化和形成。

（五）pH 值

赤松茸菌丝在 pH 值 4～11 的范围内均可生长，其中 pH 值 5～8为最适范围，pH 值为 6 时，菌丝生长最快，最健壮。

（六）空气

赤松茸属于好气性真菌，生长需要充足的新鲜氧气，场地保持较好的空气流通和足够的氧气有助于促进菇体的形成。

四、培养料的选择及处理

（一）培养料的选择

栽培赤松茸的原料大多是农作物的秸秆，如稻草、麦秸、豆秸、玉米秆、玉米芯、谷秆、高粱秆、亚麻秆、杂草及木屑等。不宜使用棉籽壳，也不宜加入人畜禽粪及氮、磷、钾等肥料。

培养料可按不同地区就地取材，要求使用新鲜、干燥、无霉变、无病虫的秸秆。使用的农作物秸秆，在采收前最好不要喷施农药，以免有农药残留而影响菌丝发育和菌菇品质。用贮存时间较长的秸秆，可能会造成以下两方面的不良影响：一是由于微生物的作用，部分秸秆已分解；二是常常隐藏有蛾、线虫、霉菌等，会严重影响产量。实验表明，用新鲜的秸秆（麦秆）栽种赤松茸，每平方米可产鲜菇 12 千克左右；如果使用上年的秸秆栽种赤松茸，每平方米可产鲜菇 5 千克左右；如果使用陈腐的秸秆栽培赤松茸，每平方米则仅可产鲜菇 1 千克左右。

为了保证菌菇的产量和品质，尽量选用多成分的混合培养料。以下是几种常见培养料的配方：①干纯稻草 100%；②干纯麦秆 100%；③大豆秆 50%，玉米秆 50%；④干稻草 80%，干木屑 20%；⑤干稻草 40%，谷壳 40%，杂木屑 20%。

（二）培养料的处理

1. 预处理

选用的原料，使用前均要在阳光下摊晒 1～2 天，以杀死培养料中的可能隐藏的部分病菌和虫卵。栽培赤松茸的培养料来源广泛，成分质地较为复杂，有些原料如木屑等木质素含量高，有些原料如棉秆、豆秆、玉米秆等纤维素、半纤维素含量较高，有些原料如稻草、麦秸等表面覆有一层蜡质。这些成分如不经过软化处理或降解则很难被菌丝吸收利用。因此，配料前需要对这些原料进行预处理，其处理方法有以下几种。

（1）切段破碎。对玉米秆、高粱秆、棉秆、豆秆等质地较硬、较长的原料，要切成3~5厘米长的段，先暴晒后碾压破碎。

（2）浸泡。对稻草、麦秸等表面有蜡质层的原料，可通过建浸水池浸泡处理或用2%~3%的石灰水喷洒处理。该过程主要有三个作用：一是让稻草、麦秸等原料充分吸收水分；二是降低原料的pH值；三是使其变得柔软，以利于原料堆得紧而又便于处理。

该过程在条件允许的情况下，可通过修建浸水池浸泡处理。浸水池要接近水源，其大小因栽培量多少而定，用砖石水泥砌成，做到不漏水且能自动排水。若栽培量小，可在栽培场附近地上挖坑，再用厚塑料薄膜或无纺布铺在坑中做浸水池。然后将稻草、麦秸等原料放入浸水池，一边放原料，一边放水，并用脚踩，最上层压上石板或石头。浸水时间因料而异，晚稻草需浸泡48小时左右，早稻草需浸泡30小时左右，麦秸则需要浸泡72小时左右，浸泡期间每天换水1~2次。如没有条件修建浸水池，可直接把2%~3%的石灰水分层喷洒在原料上，以后连续6~10天每天用清水喷洒，直至原料湿透、软化为止。

最后将浸泡或喷淋过的稻草、麦秸等原料捞出，用清水冲净、摊开，让其自然沥水12~24小时，使其含水率为70%~75%，备用。检验含水量的具体方法是取一把有代表性的稻草或麦秸，双手反向拧紧，若水滴断线式溢出，则表明含水量基本适合；若水滴连续不断线，则表明含水量过高，应继续让其沥水；

若无水滴渗出，则表明含水量不够，应补足水分。

（3）碾压或粉碎。对花生壳、板栗壳等硬壳类原料，应先暴晒，再用石磙或手扶拖拉机在晒场上进行碾压或用粉碎机进行粉碎。图 4-1 所示为粉碎后的培养料。

图 4-1　粉碎后的培养料

2. 培养料堆制发酵

赤松茸培养料需要堆制的原因有：①赤松茸菌丝分解纤维素和木质素的能力很差，直接分解和利用培养料有困难；②培养料预先堆制发酵，主要就是让一些分解纤维素分解等的有益微生物大量繁殖起来，并使堆肥中的稻草等发酵分解，变成结构简单、容易被赤松茸吸收利用的营养物质，而且这些微生物的代谢产物和菌体死亡之后，留在培养料中的菌体蛋白，也可以作为赤松茸的养分；③还可以利用堆制培养料所产生的高温（一般料堆温度可升至 70~75 ℃），杀死培养料中的一些有害的中低温型的微生物以及害虫虫体和卵。

培养料的堆制是赤松茸栽培工作中的一个极为重要的环节。

培养料堆制发酵得好，才能得到优质的培养料；如堆制发酵得不好，则培养料理化性质会很差，即使有优质高产的赤松茸菌种和高效的栽培技术，也不可能获得良好的效果。图 4-2 所示为培养料的建堆发酵。

图 4-2　培养料的建堆发酵

在夏末秋初，白天气温在 23 ℃以上时，为防止铺料后秸秆因发酵而温度升高，影响菌丝生长，需要进行短时间的预堆发酵。具体方法是将沥水后的秸秆堆在平坦的地面上，堆高 1~1.5 米，堆宽 1.5~2 米，堆制 6~7 天，中间翻堆 1~2 次。而在气温较低（23 ℃以下）、堆温难以保持时，不再进行预堆发酵，在浸草沥水后直接建堆播种。在生产中，常延长沥水时间（2~3 天），让其充分发酵升温，再进行 1~2 次翻堆即可铺料播种。

培养料从堆制到进菇房，一般要翻堆 4~5 次。翻堆的主要目的是改善料堆中的通气状况，有利于好气性微生物活动，促使培养料发酵均匀。在正常情况下，建堆后的第 2 天，料堆中的一些中温型微生物就开始大量繁殖，堆温逐渐上升，到第4、5天，堆温就可以升至最高点，为70~75 ℃。

翻堆的最适时间：堆温上升到最高点后1~2天，由于料堆中的氧气被大量消耗，二氧化碳积累很多，好气性纤维素分解菌的生长繁殖受到抑制，堆温开始下降，这时是翻堆的最适时间。

培养料堆制后不仅要进行翻堆，还要掌握最适时间，翻堆时还要注意操作方法。具体方法如下：①翻堆时要把四边的培养料翻到中间，下面的培养料翻到上面。尤其是第1次、第2次翻堆时，稻草尚未完全分解，常有整团的稻草，要用耙子把稻草抖松，并和粪料拌匀，做到整个料堆的草粪搭配均匀，才能达到翻堆的目的。切不可原封不动地把培养料从旧的料堆移到新的料堆上去。②每次翻堆时，都要注意观测培养料的湿度。若发现培养料太湿，就要及时摊晒；若太干，则要喷洒一些水，以使发酵能正常进行。③料堆外层的粪、草很干燥，有时会长许多鬼伞。在翻堆前，要先将鬼伞摘除干净，然后用小耙子扯下干燥的培养料，喷一些水后再堆制。

3. 优质培养料的特征

堆制好的优质培养料有以下几点特征：

（1）质地柔软，有弹性，粪、草混合均匀，无粪块、无干草团，用手一捏成团，轻轻一抖即散。

（2）颜色呈黄褐色至棕褐色，并有少量的白色放线菌。

（3）草未变形，看上去还是整根稻草或麦秸，但只要轻轻一拉就断。

（4）有一种特殊的香味，无粪臭、酸、氨气等异味。

（5）培养料含水量应为65%~70%。

（6）培养料的pH值为5.0~6.5。

（7）无病虫杂菌。

五、高产栽培

（一）栽培产地的选择

日光温室、塑料大棚、林下及露地均可栽培赤松茸。栽培场所要离水源近、排水方便；土壤肥沃、质地松软、肥力中上等、保水透气；背风，向阳；远离禽畜圈，环境卫生；切忌低洼和过于阴湿。栽培用棚可采用标准菇棚、池沟或简易棚、小拱棚、阳畦、蔬菜温室等。可采用床式栽培或多层床架式栽培。栽种棚室及周边环境要进行一次灭菌杀虫处理，以减少病虫危害。

（二）栽培

1. 做畦

做畦（图 4-3）前要先铲除杂草，清除杂物，平整土地。按畦宽 90~130 厘米、畦长 150~200 厘米（可因场地大小而定）的标准进行画线，畦间留人行道，宽 40 厘米，也可用作排水沟。将畦面表土铲放在一旁堆起，供以后覆土用。畦应为中间稍高、两边稍低的龟背形，畦高 10~15 厘米。栽培场四周开挖排水沟，将土覆于畦面，畦面要高于排水沟。据山东省邹平市九户镇农业技术服务站站长房振田介绍，室内地栽时应先在地面铺 4~5 厘米厚的腐殖土，把畦整成高 30 厘米、宽 130 厘米的龟背形畦床，长度不限，畦与畦之间留 40 厘米宽的人行道，如土壤干燥则应先喷水后铺料，效果较好。

整地做畦完成之后，在尚未建堆之前应进行场地消毒，把土翻松晒白，使土壤熟化，可在畦上泼浇 1%的茶子饼水，以免受到蚯蚓的危害。在菇场的畦面和四周喷 0.5%的敌敌畏和 5%的甲醛药液。若选用山地做菇场，则必须撒灭蚁灵、白蚁粉等药物进行灭蚁。有白蚂蚁和蚯蚓的园地，要在畦底撒灭蚁药和菜籽饼粉。

图 4-3 做畦

2. 建造遮阳棚和小拱棚

在栽培场（林间）上建造遮阳棚（图 4-4、图 4-5），用黑色塑料遮阳网搭建遮阳大棚，棚高 2.0～2.3 米，最好用双层黑网，两层间距 30～40 厘米，也可用树枝、树叶、秸秆、草帘或蔬菜秧蔓代替，遮阳度为半阴半阳、少量微弱的散射光照。

图 4-4 遮阳棚（外部）

图 4-5 遮阳棚（内部）

建造小拱棚时，可将细竹条两头插入畦两侧的土中，做成拱形，上面覆盖塑料薄膜，再加盖草帘或干净的麻袋片遮阳。

3. 铺料

铺料（图 4-6）时应在地面先铺上一层 4～5 厘米厚的腐殖土，把畦整成高 30 厘米、宽 130 厘米，长度不限的龟背形畦床。畦与畦之间留 40 厘米宽的人行沟道，如土壤干燥则应先喷水后铺料。铺料分 3 层，下面两层料厚各 8～10 厘米，上面一层料厚 4～5 厘米，堆成上窄下宽的梯形。气温较高时，应用直径为 4 厘米的圆木，每隔 30～40 厘米，从堆顶直插到堆底，拔出木棒形成通风洞。一般堆高 20～25 厘米，1 平方米需干草料 20～25 千克。铺料时也可将草料捆成小草把分层叠放，也可捆成大草把（每把干草料 5～7 千克），3 大捆并排摆放一层。但大多数是将散料分层堆放，每层都要用小木板稍用力下压，尽量使草料紧密结实。

4. 播种

播种（图 4-7）前要严格挑选菌种，使用生长健壮、无杂菌污染的菌种，并用 75%的乙醇溶液对手和所用工具进行消毒，然后用消过毒的小勺将菌种挖出并放在消过毒的盆中，掰成鸽子蛋

图 4-6 铺料

大小的菌块，也可以掰成更小一点的菌块。使用木屑菌种时每平方米播种量为 500~600 克（可置于菌种袋中，如图 4-8 所示），使用麦粒菌种时每平方米播种量为 350~500 克（可置于菌种袋中）。具体播种方法有以下 3 种。

图 4-7 播种

图 4-8　菌种袋

（1）穴播法：每铺一层料，点菌一层，穴深 5～8 厘米，穴距 10～12 厘米，成“品”字形定穴。

（2）撒播法：适用于麦粒等谷粒种，每铺一层料，将菌种均匀地撒播在上面，此法用种量较大。

（3）穴播加撒播：即第 1 层和第 2 层采用穴播法，最上层采用撒播法。

播种量以每平方米 4 瓶为例，其播种量的分布为第 1 层、第 2 层各播 1 瓶，最上层播 2 瓶；或者第 1 层、第 2 层采用穴播各点菌 50%，将菌种碎屑撒于最上层。无论采用哪种播种方法，每播一层后，都要轻拍草料，使菌种和草料紧密接触。

播种结束后，应及时在料堆上覆膜（图 4-9）或覆盖湿润的旧麻袋片或草帘、无纺布、旧报纸，也可以覆盖 1 厘米厚的腐殖质土（用 1%的石灰水喷湿，但不能积水）。料堆上的覆盖物应经常保持湿润，以防止料堆干燥。具体做法：将旧麻袋片在清水中浸透，捞出并沥去多余水分后，单层覆盖在料堆面上；使用其他覆盖物可先盖于堆面，然后用喷雾器喷洒清水，但喷水量不能过多，以水不会渗入料内为度。为防止旧报纸、无纺布被风刮起，要用小石块将四周压紧。

图 4-9　覆膜

注意每天掀动麻袋或薄膜数次以进行通风，若气温仍较高，为了避免高温烧菌，可在料面上每隔 30~40 厘米用直径 4 厘米的圆木棒，先从堆顶直插到堆底，再拔出木棒形成通风洞，以利于排气降温。

5. 菌丝的生长和管理

赤松茸初生菌丝生活力较弱，播种时要注意三点：一是菌龄要适宜，不能用老化菌种；二是培养料含水量要适当，为 70%~75%；三是温度要正常，尽量避免温度过高。

（1）水分管理。发菌期的水分管理非常重要，应注意以下几点。

1）发菌期培养料的含水量一般为 70%~75%，空气相对湿度应控制在 75%~85%，播种后 20 天内一般不须补水。

2）若上部草料发白、发干，可往覆盖物上喷水，但不能让水渗入料内。

3）遇雨时，为防止雨水进入料内，可用塑料薄膜覆盖，雨后揭膜通风，并及时排除周围积水。

4）播种 20 天后，菇床上的菌丝量占据了培养料的 1/2 以上，如果草料干燥、发白，可以适量喷水，原则是畦床轻喷，四

周侧面多喷，中部少喷或不喷。如果菇床上湿度已达到要求，就不须天天喷水，特别是在果园内，有时可隔 1~2 天才喷 1 次水，以免因喷水过量造成菌丝衰退。接种 20 天后，可按正常喷水，天气干燥、温度偏高时，每天喷水 1~2 次，冬天或阴雨天每 2~3 天喷水 1 次。如发现稻草过湿，特别是中底部偏湿，则应停止喷水，并掀去覆盖物，松动稻草，加强通风。这一点在水分管理中很重要，应引起足够的重视。

（2）料温管理。赤松茸的菌丝生活力较弱，料温应控制在 20~30 ℃，发菌期每天应把温度计插入草堆中以观察料的温度变化。当菌丝吃料 1/2 时，应揭去覆盖物，同时间隔撬动培养料，使料内透气。如果堆温高于 25 ℃，应将小拱棚两头的薄膜揭开通风；若堆温高于 30 ℃，可将小拱棚上的薄膜全部揭去，同时在畦面喷冷水降温，把料温控制在菌丝所要求的适宜范围。在堆温正常的情况下，每天早晚各揭膜通风 1 次；如果气温低于 10 ℃或者有雨时，则应该盖膜并加盖覆盖物。

（3）光照管理。菌丝生长阶段不需要光线，发菌期切忌光线直射畦床，应在畦床上搭建遮阳棚，遮阳棚的四周也应垂吊遮阳网，形成“七阴三阳”、少量微弱的散射光照。

（4）覆土催菇。覆土是促进赤松茸由营养生长转向生殖生长的必要条件，菌丝在无覆土的情况下难以形成子实体，或者需要经过相当长的时间才会出现少量子实体。而在覆土的情况下，嗜热细菌、枯草芽孢杆菌、马铃薯（腐烂）芽孢杆菌、浸麻芽孢杆菌共同作用于赤松茸菌丝体，可促进菌丝的扭结，并能提供适宜的温度和湿度，使子实体较快形成和出菇，产量提高，同时还可抑制杂菌侵染。

覆土材料要求肥沃、疏松、保水性能好。标准的覆土材料为 50%的腐殖土加上 50%的泥炭土，pH 值为 5.7，但实际栽培中大多选用田园中的壤土，因其土质松软，持水率较高，富含腐殖质，pH 值为 6.5～7.5。黏土和持水率差的砂壤土均不宜作覆土材料。

覆土材料要进行以下处理：①晒干。将选好的覆土材料摊开晒干，原因是覆土中常含有大量的二价铁离子（亚铁离子）和其他还原性物质，对菌丝有毒害作用。泥土经晒干风化后，其中二价铁离子等被氧化成三价铁离子而成为无害的物质，对菌丝生长没有影响且能改良土壤结构和减少有害的微生物。②过筛。不论是粗土粒还是细土粒，其中都不能混有石块、杂物，同时土粒上也不能沾有碎土粉末。如果土粒上沾有碎土粉末，在调水时就会变得很黏，不方便操作，而且会阻塞覆土层土粒之间的孔隙，影响通气，容易造成板结。③选粒。我国栽培赤松茸一般使用 2～3 种土粒，细土粒的直径为 0.3～0.5 厘米，中土粒的直径为 0.6～0.8 厘米，粗土粒的直径为 1.0～1.5 厘米。现在国外大多数已改用中土粒覆盖。④调节 pH 值。将覆土 pH 值调为 6.5～7.5，太高或过低都会影响菌丝的生长和子实体的形成。⑤药物处理。将土粒喷水润潮后，喷入适量 0.1%的敌敌畏或 1%的甲醛溶液，然后将土粒堆成堆，用塑料薄膜覆盖闷 2 天，第 3 天揭膜、翻堆、散气，以备使用。

正常气温下，4～5 天菌丝开始萌发，30～35 天待菌丝长透培养料 2/3 时即可在堆表覆土。有时培养料偏干，看不清菌丝是否已爬上堆面，可以轻轻挖开料面，如果相邻两个接种穴的菌丝已快接近即可覆土。具体的覆土时间还应结合不同的季节、不同的气候条件而定。早春季节，南方常多雨，可待菌丝接近长透培养料时再覆土；北方此时正遇春旱，可于菌丝吃料 1/2 时提前覆土。秋季，南方气候较干燥，可适当提前覆土，或者采取两次覆土法，即第 1 次可在建堆点菌后少量覆土，仅覆盖在堆的上面，且尚可见到部分的草料；第 2 次覆土可于菌丝已基本接近长透培养料时进行；北方则与南方相反，往往是秋雨连绵，覆土时间便可稍微推迟。

覆土方法：覆土分1次覆土和2次覆土。1次覆土是于播种后就覆土，覆土厚3~4厘米；2次覆土即播种后就把预先准备好的覆土材料铺在菌床上，厚度为1厘米，待菌丝接近长透培养料时再覆土2~4厘米，总覆土厚度不超过5厘米。每平方米菌床大约需要覆土0.05平方米。一般来说，覆土层厚，出菇会稍迟，但菇体较肥厚而个数较少；覆土层薄，出菇会较早，菇密、朵较小。根据这一规律，可利用覆土的薄厚来调节出菇的早晚、出菇的密度和菇体的大小。

正常情况下，覆土到出菇需要30天左右。覆土3~4天后，菌丝开始向覆土上爬，这时要求棚内温度在23~27 ℃，空气相对湿度应保持在85%~90%。随着水分的蒸发和菌丝量的增多，可以在早晚向覆盖物上喷水，以润湿覆土而不使水漏入料中为度，只要料内含水量适宜，就可以间隔1~2天或更长时间不喷水。结合喷水，每天掀开覆盖物通气20~30分钟，降低土粒表层水分，使菌丝在土粒间生长，以后随着菌丝生长呼吸能力的增强，逐步延长通风时间。

覆土后15~20天，菌丝蔓延出土与土层齐平，此时要提高畦面的湿度，空气相对湿度应调为85%~90%。赤松茸菌丝后期生活力很旺盛，每天要加大通风量。待菌丝全部长透土面后揭膜、停水、降湿，使畦面菌丝倒伏，控制徒长，迫使其由营养生长转入生殖生长。

6. 出菇管理

闽浙地区秋栽覆土后10~20天就可出菇（图4-10）；黄河流域春栽覆土后20~27天可以出菇。出菇期管理工作的重点是保湿、稳温、加强通风。要求棚内温度为12~25 ℃，空气相对湿度为85%~90%。

图 4-10　出菇

(1) 保湿方法及注意事项。通常是保持覆盖物及覆土层呈湿润状态，若菌床干燥、发白，可以将麻袋片用清水浸透，捞出并沥去多余的水分后，再覆盖到菌床上。应根据天气情况，每天处理 1~2 次；若采用草帘、旧报纸或无纺布覆盖，可以用喷雾的方法保湿。喷雾后要揭起草帘进行检查，若覆土层呈湿润状态，则不必喷水；若干燥发白，则必须再行喷水，直到覆土层达到湿润状态为止，但一定不能喷水过量，否则多余的水流入料内，对出菇是极其不利的。另外，喷水要均匀，不可有干有湿，如果发现点片干燥，则应重点补喷。在检查中若发现草料变成淡黄色，手捏草料有松软感、湿润感，有时还稍有水滴出现，挤压后有间断水珠滴下，则说明含水量适度；若挤压后无水滴出现则为缺水，应及时补水；若挤压后有连续不断的水滴出现或有霉烂状出现，则说明水分过量。这可能是前期管理不当造成的，如草料浸水过多、喷水过量、菌床被淋，或者栽培场地下水位过高所致。此时应停止喷水，掀起覆盖物，加强通风换气，促进水分蒸发，使覆盖物、覆土层呈较干燥状态。待堆内含水量下降后，再采用轻喷的方法促其出菇；如果是地下水位较高所致，则应开挖排水沟排水。还可以采取在菌床上面或近地侧面打洞的办法加大空气流通，以达到排湿的目的。通过以上措施，使温度降为14~25 ℃，土层含水量降至20%，迫使菌丝倒伏。

（2）结菇重水和出菇重水的喷施方法及注意事项。当菌丝倒伏5~7天后，便有子实体原基形成，个别大的原基已长到绿豆大小，此时为了增加土层湿度，给扭结的菌丝体和已经形成的小菌蕾提供充足的水分，使之迅速膨大生长，应喷1次结菇重水，即要在1~2天内使覆土层含水量达到并保持在20%左右，但不能让水流入料内。在棚内空间及人行道上喷水雾，使空气相对湿度保持在90%~95%。当菇蕾逐渐长大并顶出土层后，为了进一步加大粗、细土粒的湿度，促进菇蕾在有充足水分供给的条件下很快吸收营养，菇体迅速膨大而出菇，需要再喷1次出菇重水。出菇重水若喷得过早，则过小的菇蕾容易因受喷水的机械刺激而损伤，造成死菇；若喷得过迟，正在迅速膨大生长的子实体得不到充足的水分和营养，生长速度减慢，出菇推迟，从而影响前期产量。出菇重水用量无论是过多还是过少，都会抑制小菇的生长，延迟第二批菇的出菇时间进而推迟采菇季节。

出菇期间喷水保湿的原则：以菇体的形成、生长发育对水分的需求为根本，要结合土质、气候、菇棚的保温、保湿、通风条件灵活掌握。一般是菇多多喷水，菇少少喷水；菇小少喷水，菇大多喷水；阴雨天少喷水，晴天高温多喷水（同时加大通风）。喷水时不能让水直接喷到菇体上或渗入培养料中，应细喷、勤喷。采菇前不能喷水，以保证菇的质量。

喷结菇重水和出菇重水时，都要特别注意当时的天气变化情况，如果棚内温度超过20 ℃，则应停止喷水，待温度正常后再继续喷水。菌丝活力差、不旺盛、结菇少时，都要相应地减少结菇重水和出菇重水的用水量。

（3）稳定温度的方法及注意事项。赤松茸出菇的适宜温度为12~25 ℃，低于4 ℃或超过30 ℃均不出菇。当棚内温度高于30 ℃时，应加厚遮阳物，减少光照，揭起塑料薄膜，加大通风量，每天早、晚各通风1~2小时；中午揭起背阳一侧的覆盖物，让其通风降温，或者结合喷冷水降温。深秋、初冬遇低温气候变冷时，应提前加厚覆盖物，少喷水或不喷水，防止其受冻害。在出菇期若遇霜冻，一定要覆盖好菇床，尤其要盖好小菇蕾，不能让菇蕾直接裸露在外，严防其在0 ℃以下受干冷风袭击而遭受冻害。采用保护棚栽培，即使遇连续低温，一般也不会受冻害。在深秋或初冬播种建堆，菌丝虽然生长缓慢，但低温和霜冻对菌丝一般不会产生冻害，所以可以安全过冬。子实体从露出白点到成熟，需要5~10天，温度低时生长速度缓慢，但菇体肥厚，不易开伞；温度高时虽然生长速度快，但朵小、易开伞。

（4）通风方法及注意事项。通风的好坏直接影响赤松茸的质量和产量。通风良好，长出的菇柄短，菇体结实健壮，产量高，品质好。每天结合喷水和掀去覆盖物，同时让其直接接受自然的光照。在子实体大量发生时，更要注意通风，尤其是采用塑料保护棚栽培的，要根据天气变化情况，及时采取有效措施调节温度、湿度、光照、通风。由于子实体的数量在增多、个体在增大，需氧量急剧增加。在管理时，不仅应增加通风次数，而且要延长每次的通风时间。每天早、晚通风时间可延长1~2小时。只要温度、湿度适合子实体生长，在遮阳棚下可将小拱棚揭开，当温度低时再重新覆上，平时可打开小拱棚两头的薄膜使其透气。中午可揭开拱棚北侧的覆盖物让其通风透气。菇棚内温度超过20 ℃，天气阴雨潮湿时，应于夜间凉爽时开窗或揭棚通风。

7. 采收

子实体的菌盖外层菌膜尚未破裂或刚破裂，菌盖内卷不开伞时，最适宜采收（图4-11）。最迟应在菌盖内卷、菌褶呈灰白色时采收。若在菌褶转变成黑褐色、菌盖平展时采收，其口感、品质不佳，商品价值降低。采菇时，左手按住菇柄基部的培养料，右手拇指、食指和中指捏住菌柄基部轻轻扭转一下，待基物松动后再用左手压住基物，右手轻轻向上拔起，切勿带动周围小菇和培养料。采摘后随即切去带泥土的菇根，将菇轻轻放入竹筐或塑料筐中。采收后把基部清理干净，即可销售，也可对鲜品进行盐渍加工或烘干后销售。

图 4-11　采收

8. 转潮管理

采完菇后的畦床整理是产菇期间的一项日常工作，应在每天采菇后立即进行。每采完一批菇后，都要进行 1 次全面整理。菇床整理要做好以下几项工作。

（1）用镊子把残留于菇床上的菇根挖取干净，否则会烂掉，招致病虫害。对老化的根状菌索也要去除干净。在产菇前期，菌丝的生命力还很旺盛，再生能力强，只要轻轻拨动孔穴周围的土层，就能找到粗的菌索。到了产菇后期，土层中老化菌索很多，又粗又硬，盘根错节，再生力很弱，一定要去除干净，以免影响有结菇能力的菌丝生长。

（2）要把死亡的小菇蕾拣干净，以免在菇床上霉烂而招致病虫害危害。

（3）采菇、挖菇根和去除老化菌索而留下的孔穴，要用细土粒补上并填平。新补上的土粒若是干的，则要用喷雾器喷湿。

（4）利用菇床基本上没有子实体的有利时机，做好病虫检查和防治工作。

在清理完畦床后，要加大通风量，停水养菌丝3~5天，让菌丝生长复壮。然后喷水催蕾，经10~12天，又开始出第2潮菇，参照出菇管理办法进行日常管理。可连续出2~4潮菇。

9. 贮藏

（1）简易包装保鲜。赤松茸的简易包装保鲜适用于短途运输，当天或隔天可售完或用完。将采下的成熟而未开伞的赤松茸去除菇根和泥土，菌盖朝上放在有孔的纸盒或纸箱中，如图4-12所示。盒底垫放吸潮纸，按顺序摆放1~2层，也可装入塑料食品袋中，每袋0.5~1.0千克，量大时可放入竹筐内，先垫纸或衬布，后装菇，每筐装3~5千克，在10~15℃下可保鲜5~7天。一般鲜贮要求外界温度在20℃以下，20℃以上时鲜贮效果不理想。

（2）冷藏保鲜。将赤松茸放进符合食品卫生标准的竹筐或瓦楞纸箱、塑料盒内，移入冷库、冷藏车或冰箱中，在0~8℃下保存，当鲜菇离开低温条件后，应尽快食用。

（3）气调保鲜。将赤松茸装在有硅橡胶气体交换窗的聚乙烯塑料袋中，袋厚0.06~0.08厘米，袋壁上镶有一块硅橡胶膜作为气体交换窗，利用菇体的呼吸作用，自动调低氧含量，每小袋装250~500克菇，密封袋口，在18~20℃的环境中，当袋内二氧化碳和氧气的含量分别达14%和4%时，能保鲜3~5天，不开伞，无褐变，失水率低于1%。如果能使温度降低到5℃，则效果更好，可贮藏 15 天以上。

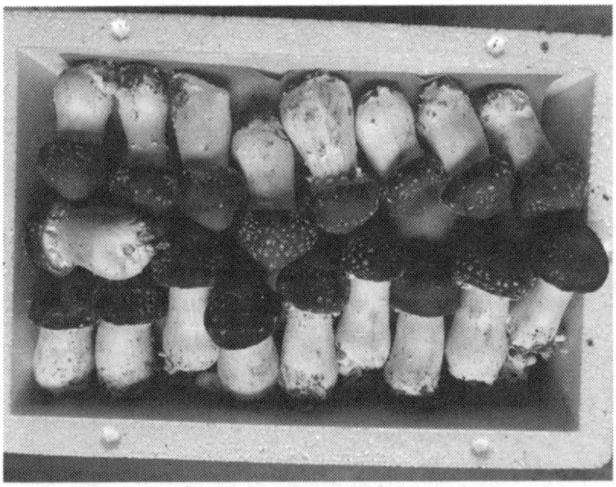

a

b

图 4-12　装箱

（4）辐射保鲜。把成熟而未开伞的赤松茸装入多孔聚乙烯（或聚酰胺、聚苯乙烯）塑料袋中，利用穿透力强的射线辐照，杀死微生物，破坏酶的活性，抑制代谢以达到保鲜效果。用钴-60、铯-137 作为辐射源，采用 1.29~1.81 库仑/千克的 γ 射线照射鲜菇，然后在15±1 ℃条件下贮藏。一般在 15 天内，90%的子实体不开伞，而且在硬度、色泽等方面仍然保持其商品价值，但聚丙烯、聚氯乙烯和玻璃纸被射线照射后稳定性差，不能使用。

（5）药物保鲜。药物保鲜又叫化学保鲜，使用的化学药品主要有食盐、焦亚硫酸钠、比久或某种细胞分裂素等，所用容器必须是不锈钢盆或铝盆，不得使用铁制容器。

1）食盐水保鲜：将鲜菇切根洗泥后，放入0.6%的食盐水内浸泡10分钟，捞出后沥干水分，装入塑料袋内，在10~25 ℃下可保鲜3~5天。

2）焦亚硫酸钠（$Na_2S_2O_5$）保鲜：用0.01%的焦亚硫酸钠溶液漂洗鲜菇3~5分钟，再用0.1%的焦亚硫酸钠溶液浸泡30分钟，然后捞出沥干水分，装入塑料袋中，在10~15 ℃室温下保存，效果良好，但贮藏温度高于30 ℃时，鲜菇会逐渐变色。

3）比久保鲜：用植物生长延缓剂比久0.001%~0.1%的水溶液浸泡鲜菇10分钟，捞出后沥干水分，装入塑料袋中，在5~22 ℃下可保鲜8天。

4）细胞分裂素保鲜：用0.01%的6-苄氨基腺嘌呤溶液浸泡鲜菇10~15分钟，取出沥干水分后装入塑料袋中，能延缓衰老，保持新鲜。

第二节　赤松茸主要病虫害的防治

据多年栽培实践经验可知，赤松茸抗性极强，尚未发生严重的病虫害，特别在秋季几乎未发生过病虫害，只在春季阴雨季节发生过，所以只要避开此季节播种及采取一定的防治措施，一般不会造成太大的危害。赤松茸病虫害产生的原因主要有：栽培原料霉变或带有病虫杂菌，培养料发酵不够，栽培场和覆土未经药物处理，栽培场及附近有污染源，菌种带杂菌等。常见的病虫害防治措施如下。

一、霉菌的防治

霉菌多发生在制种过程和栽培前期，如绿色木霉、青霉、黑根霉、白霉等。霉菌出现在原料中，呈现绿色、黑色、灰白色等杂色，会抑制菌丝生长，最后使原料腐烂自溶。引起霉菌的主要原因是原料消毒处理不彻底。

霉菌的防治方法有以下几种。

(1) 种植前菇房、菇架要严格消毒，保持菇房内外环境卫生，及时清除病菇、死菇和被污染的菌筒，加强害虫防治，及时采收成熟子实体。

(2) 稻草要求新鲜干燥无霉变，使用前应在太阳下摊晒 2 天，并用石灰水浸泡。春播稻草最好用 0.5%的多菌灵浸泡后再种植。

(3) 出菇期加强栽培场所的通风，降低空气相对湿度和温度。

(4) 菇床、地栽菇畦面发生木霉可用 45%的特克多悬浮剂 500 倍液或 45%的扑霉灵乳油 1 000～1 500 倍液喷施，也可在染病的区域直接撒一薄层石灰粉。菌筒局部发病的可用 10%的漂白粉水液喷洒或涂抹。

二、鬼伞菌的防治

鬼伞菌（图 4-13）是赤松茸栽培中常见的杂菌，多发生于料层之中，从发菌期至覆土期均可发生。其菌柄纤细而长，菌盖脆弱而薄，成熟迅速，很快腐烂并流出墨液，因此又被称为墨汁鬼伞菌、粪污鬼伞菌。鬼伞菌常生长在草堆中，起初为白色小突起，然后开伞变黑，与菌菇争营养，影响产量。发生原因：一是秸秆陈旧、受潮、霉变；二是栽培原料偏酸；三是菌种、覆盖物、环境有杂菌；四是氨气排放不彻底。对鬼伞菌的防治主要以防为主，具体操作如下。

图 4-13　鬼伞菌

（1）原料稻草要求新鲜干燥，使用前在太阳下摊晒 2~3 天，利用阳光中的紫外线杀死稻草中鬼伞菌孢子及其他杂菌孢子。

（2）在栽培管理过程中，注意稻草含水量不要过大，培养料含水量不要超过 65%，并加强通风管理，以抑制鬼伞菌的生长。

（3）发现鬼伞菌子实体，要及早连根拔掉，以防止其蔓延扩散。

（4）播种后在料面及周围撒施草木灰。

（5）转潮时喷 3%的澄清石灰水溶液。

三、灰霉病的防治

灰霉病的防治方法有：定期清理落叶等杂物，控制场内温度和湿度，增加菌房通风，使用氧化锌等杀菌剂。

四、菌核病的防治

菌核病的防治方法有：使用营养完备的基质，控制场地内外的杂草和垃圾，及时清除受感染的菌菇和菌丝体，采用透明龙骨和防雾膜遮阳降温，增加通风口并保持22 ℃左右的环境温度。

五、螨虫的防治

危害赤松茸的螨虫有兰氏布伦螨和腐食酪螨。螨虫体型较小，肉眼不易看见，其形状似红蜘蛛，主要危害菌丝体，使菌丝生长受阻，无法形成子实体。它还能危害幼菇，使其生长变缓，形成畸形菇。侵染来源主要是稻草、麦草、牛粪等培养料，也借助于昆虫和生产工具等媒介扩散。螨虫喜栖温暖、潮湿的环境，多发生在春天阴雨季节，稻草偏湿时在稻草堆中出现，繁殖能力极强，一旦发生，容易暴发成灾。主要防治方法如下。

（1）菌种瓶口周围发现螨虫应立即清除处理。正常菌种使用前1~2天，用蘸有少许50%的敌敌畏的棉花球塞好瓶口熏杀，以预防螨虫传播。

（2）播种后第7天，将一块黑色塑料薄膜放在床面上，过几分钟后，再用放大镜检查，若发现螨虫，应及时施药防治。可以用1 500倍杀螨灵1号施于料面上，或用1 000倍杀螨灵1号施于湿润的表土上，也可以用50%的辛硫磷1 500倍液喷洒。

（3）如果在菇房栽种，可用80%的敌敌畏1 000倍液喷洒床面，然后密闭门窗熏蒸24小时，如未除净则重复用药1次。

（4）每立方米菇房用磷化铝10克（3片）密闭熏蒸；也可以用毒饵诱杀，即用醋1份、糖5份、敌敌畏10份，拌进84份烤至焦黄的细米糠或麦麸中，搅拌均匀后撒在菇床四周诱杀。

（5）可以采用高温消毒法或者更换新的基质以防止螨虫的滋生。

六、菇蝇的防治

危害赤松茸的菇蝇有果蝇、蚤蝇、扁足蝇等。菇蝇喜高温潮湿，成虫和幼虫都喜欢取食潮湿、腐烂、发臭的食物，有较强的趋化性和趋腐性。菇蝇成虫不直接危害菌丝和菇类子实体，而主要传播病菌和螨类。菇蝇的卵、蛹、幼虫通过培养料进入菇房，成虫则从周围环境飞入菇房，产下卵。一枚雌虫能产下三四百粒卵，这些卵在3天后即可孵化成幼虫。一般情况下，如果环境适宜，会有大量雌虫来此产卵，一旦发生，虫口密度会大得惊人，幼虫啃食菌丝和子实体，菌丝体会被幼虫蛀成糠状，生长在上面的子实体也会残缺，失去应用价值。其主要防治方法如下。

（1）利用菇蝇成虫具有趋光性的特点，可设置黑光灯或日光灯，在灯周围挂上粘虫板或在灯下放置敌敌畏溶液药盒，让菇蝇成虫触药中毒。

（2）使用黄色粘虫板诱杀菇蝇成虫，利用寄生性天敌（如甲虫、蜉蝣等）控制菇蝇幼虫，或使用芽孢杆菌等微生物制剂进行防治。

（3）在密闭的条件下，每立方米空间用2~3片磷化铝熏蒸，以消灭室内菇蝇虫源。

（4）在出菇前发现有菇蝇害虫时，可向床面喷洒500倍敌百虫溶液或1 000倍敌杀死溶液灭虫。

（5）每50千克培养料用三氯杀螨醇15毫升，兑水10千克，均匀喷洒在料上，边喷药边拌料，喷后堆积3天，可消灭培养料中的菇蝇虫源，或在培养料中拌入40%的辛硫磷500倍液或2.5%的敌杀死1 000倍液，均有很好的杀虫效果。

七、白蚁和蚂蚁的防治

危害赤松茸的白蚁有数种，常见的为黑翅土白蚁，它们喜欢在阴暗处活动，用泥土、排泄物及分泌物筑成的泥被（片状）、泥线（条状）作为掩蔽体，咬断菌丝以筑巢，并蛀食菌丝和子实体。其防治方法如下。

（1）清除菇场及周围的杂草、杂物，加强通风、日晒。

（2）根据泥被、泥线判断白蚁巢和白蚁路线，可在白蚁巢周围及白蚁路线上撒放白蚁粉，也可将 1~3 克白蚁粉喷入白蚁巢，5~7 天即可见效。

（3）挖巢或灌泥浆杀灭。

在栽培场或草堆里发现蚂蚁巢时，也要及时撒药杀灭。若是红蚂蚁，可用红蚁净药粉撒放在有蚁路的地方，蚂蚁食后，能整巢死亡，效果甚佳。若是白蚂蚁，可将 1~3 克白蚁粉喷入蚁巢，5~7 天即可见效。

八、蛞蝓的防治

蛞蝓（图 4-14）又叫鼻涕虫或蜒蚰螺，是一种身体裸露、无外壳、有 2 对触角的软体动物，喜欢生活在阴暗潮湿的草丛、枯枝落叶及培养料内，惧光、怕热，夜间出来活动，咬食子实体，并留下白色黏液，沾污子实体。危害赤松茸的蛞蝓主要有野蛞蝓、黄蛞蝓和双线嗜黏液蛞蝓，主要防治方法如下。

图 4-14　蛞蝓

（1）控制场地内水源，避免积水和潮湿，并保持良好的通风，在蛞蝓经常活动的地方撒石灰粉或草木灰，或者在栽培场所喷洒10%的盐水或6%的四聚乙醛颗粒来驱杀蛞蝓，阻止其入侵菇棚。

（2）经常铲除床面及四周的杂草，消灭寄生源。

（3）因蛞蝓会在晚上聚集在叶子上，故可在栽培场所周围放置莴苣叶，然后在第二天早晨进行回收烧毁。

（4）夜晚用手电灯检查菇床，进行人工捕杀。

（5）在菇床周围撒上毒饵，其配方为：多聚乙醛300克、砂糖50克、敌百虫50克、磨碎的豆饼40千克，拌匀后加适量的水做成颗粒状饲料；或用细土10份，拌入2份四聚乙醛；也可以用切碎的青草50份，拌入四聚乙醛5份，在傍晚撒于栽培场所附近。

（6）用2%~5%的甲酚皂或灭害灵溶液喷洒在蛞蝓经常活动的地面，但不能溅到菇上。

（7）喷施8%的灭蜗灵溶液。

九、老鼠的防治

危害赤松茸的鼠类较多，主要有褐家鼠（大家鼠）和中华鼢鼠（地老鼠）。褐家鼠无处不在，厕所、阴沟、杂物堆、谷草堆及果园中都可能出现。中华鼢鼠广泛栖息于农田、荒地、山坡及河滩中。褐家鼠和中华鼢鼠也可在培养料中打洞筑巢，洞道长且分支多，有前后洞门之分，前门洞口常有一堆松土。菌丝生长旺盛、稠密的地方，常是害鼠打洞的地方。老鼠昼伏夜出，危害、啮食菌丝体和子实体，其主要防治方法如下。

（1）向洞内灌水捕杀，用各种捕鼠器捕杀。

（2）用磷化锌、敌鼠钠盐、杀鼠灵、灭鼠优、新灭鼠等拌成毒饵诱杀。其中磷化锌效果较好，配制方法：用高粱面粉、玉

米面粉、花生、大米等老鼠喜食的诱饵 100 份，加磷化锌 5 份即可，也可加入少量的食用糖，再用 8~10 份米汤拌和即成毒饵。毒饵应于傍晚投放在老鼠出没的地方，每点投放毒饵 10~20 克，白天及时收回。也可使用 0.1 %的新灭鼠代替磷化锌。

（3）每一个鼠洞内投放半片或 1 片磷化铝片剂熏蒸，每个老鼠洞口全部用泥土塞封，磷化铝片剂在鼠洞内吸潮分解后，释放出的磷化氢毒气会将洞内的老鼠杀死。

（4）给菇房窗户装铁纱网，将门底与地面严密封合，阻止老鼠进房为害。在室外菇棚四周开挖宽 30~40 厘米、深 40~90 厘米的沟，雨天排水，晴天灌水，防止老鼠进入菇场为害。

第五章　赤松茸的营养与活性成分及其价值

第一节　赤松茸的营养成分研究

自古以来，食用菌就受到广大人民的喜爱，被誉为“山珍”，与海味一样都是席上珍品。它们营养丰富，滋味鲜美，并具有独特的、其他食品无法替代的风味，又具有高蛋白、低脂肪、低热量的特点，更是符合现代人的健康理念。随着我国经济社会的快速发展，国民生活水平的不断提高，人们对食物的要求也正逐步由“温饱”向“营养健康”转变，平衡膳食、合理营养正成为现代人普遍接受的生活理念。作为一种食用菌，赤松茸因含有多种呈味氨基酸而味道鲜美，且其菇体色泽鲜艳，柄粗盖肥，肉质柔嫩爽口，营养丰富，使人们吃后意犹未尽。赤松茸所含主要营养成分包括蛋白质、脂类、糖类、粗纤维、维生素、矿物质、氨基酸等物质。

一、蛋白质

蛋白质是生命的物质基础，它不仅是构成人体组织的基本成分，而且是机体合成多种具有特殊生理功能物质的原料。一般人体的蛋白质含量仅次于水，约占体重的 16%。一个体重 60 千克的成人，约含有 9.6 千克的蛋白质。对蛋白质的需求，以一个成

人为例，每天所需蛋白质平均量为 0. 92 克/千克体重，推荐摄入量每天平均为 1. 16 克/千克体重。

蛋白质还是一种产能营养素，它供给的热量约占人体总热能的 1/10（在发育中的青少年身上约占 1/6）。通常，食用菌粗蛋白质含量为其干重的 13%～46%，远高于水果、蔬菜和粮食，可与肉、蛋类食物相媲美，营养价值极高。比如常见食用菌干品中蛋白质含量，猴头菇为 26. 3%，香菇为 20%，金针菇为 16. 2%，黑木耳为 12. 1%，而鲫鱼为 17. 1%，鸡为 19. 3%，土鸡蛋为 14. 4%，猪肉为 13. 2%，牛肉为 19. 9%。赤松茸粗蛋白质含量占其干重的 25. 75%，高于食用菌蛋白质平均水平，可作为人体蛋白质的重要来源之一。

蛋白质主要由 20 种基本氨基酸组成，并且食物中的蛋白质必须经过消化分解为氨基酸后才能被人体所吸收。考察蛋白质的组成成分——氨基酸配比是否与人体代谢的需要相平衡是判定蛋白质是否优质的重要指标。赤松茸菌盖和菌柄中总氨基酸百分含量分别为 17. 67%和 6. 71%，可明显看出菌盖中氨基酸百分含量是菌柄氨基酸百分含量的 2 倍还多，而且种类丰富，且两者都含有人体所需的 8 种必需氨基酸（essential amino acid，EAA）。其中菌盖中的必需氨基酸含量与氨基酸总含量的比值为 41. 11%，必需氨基酸与非必需氨基酸（non-essential amino acid，NEAA）含量的比值（EAA/NEAA）为 68. 76%，分别高于联合国粮食及农业组织/世界卫生组织规定的 40%和 60%的标准，说明赤松茸的子实体尤其是菌盖可以为人们提供具有营养价值的优质蛋白质。

二、糖类

糖类物质是生命的主要能源物质，人类膳食中 40%～80%的能量来源于糖类。糖类在植物及食用菌中分布十分广泛，是食品工业的主要原料，也是大多数食品的重要成分。在各种食品中，糖类存在的形式和含量各不相同，包括单糖（如葡萄糖、果糖）、低聚糖（含 2~10 个单糖结构的缩合物，如蔗糖、乳糖和麦芽糖等）和多糖（含 10 个以上单糖结构的缩合物，如淀粉、纤维素、果胶等）。在食品加工工艺中，糖类对食品的形态、组织结构、理化性质及其色、香、味等都有很大的影响，同时糖类的含量还是食品营养价值高低的重要标志，也是某些食品重要的质量指标。

从化学结构上来看，糖类物质是多羟基醛和多羟基酮及其缩合物，或水解后能产生羟基醛和/或多羟基酮的一类有机化合物。根据其还原性，糖类可分为还原糖（如葡萄糖、果糖、半乳糖、乳糖、麦芽糖）和非还原糖（如蔗糖、淀粉）。糖的还原性主要基于分子中含有还原性的醛基，所以醛糖是还原糖。有些酮糖在碱性溶液中可发生差向异构化反应并转化为醛糖，也具有还原性，属于还原糖，比如果糖。单糖分子缩合为双糖或多糖后，若失去了还原性的醛基，就不具备还原性，称为非还原糖，如蔗糖（双糖）和淀粉（多糖）。蔗糖水解后生成 1∶1 的葡萄糖和果糖，产物不是单一分子，称为转化糖。淀粉完全水解后产物为单分子葡萄糖。食品中糖类物质的含量，包括总糖、还原糖和非还原糖含量，是食品检验的主要内容之一。

14 种常见食用菌中的糖类物质含量如表 5-1 所示，不同食用菌糖类物质（包括总糖、还原糖和多糖）含量差别很大，总糖含量为 0.398 4%~11.41%，平均值为 3.253 8%；还原糖含量为 0.056%~0.520 4%，平均值为 0.211 7%；多糖含量为 0.182 3%~11.35%，平均值为 2.970 4%；而且总糖和多糖含量高低顺序一致，还原糖含量高低顺序则与其余两者不一致。根据相关报道可知，赤松茸中的总糖含量、还原糖含量和多糖含量范围分别为 19.97%~38.3%、0.58%~2.5%和 3.52%~6.3%。因此，赤松茸的糖类物质含量在常见食用菌中处于较高水平。

表 5-1　14 种常见食用菌中的糖类物质占干重百分比　（单位：%）

食用菌种类	总糖	还原糖	多糖
黑木耳	11.41	0.056	11.35
香菇	4.15	0.219 6	3.93
银耳	4.276	0.107 9	4.168
猴头菇	0.438 7	0.244 5	0.194 2
灵芝	5.203	0.195 6	4.007
杏鲍菇	3.596	0.16	3.436
滑子菇	1.097	0.520 4	0.576 6
金针菇	2.758	0.131 2	2.627
蟹味菇	0.398 4	0.216 1	0.182 3
白玉菇	3.021	0.214 9	2.806
白灵菇	3.203	0.311 5	2.892
真姬菇	2.903	0.272 5	2.631
蜜环菌	2.15	0.101 7	2.048
海鲜菇	0.948 9	0.211 8	0.737 1
平均值	3.253 8	0.211 7	2.970 4

三、粗纤维

粗纤维是植物细胞壁的主要成分，包括纤维素、部分半纤维素、木质素、果胶、角质等成分。粗纤维实际上是一种复杂的碳水化合物，既不能被人体消化，也不能被吸收而进入血液。与其他碳水化合物不同，它不产生能量，通过肠道后还是以纤维的形式被排出体外。粗纤维能够为人体健康提供保证，是促进人体健康不可或缺的成分。现代医学和营养学将粗纤维与传统的六大营养素并列，称为“第七营养素”。一般来说，我们吃下去的蔬菜、水果的细胞壁里都含有丰富的纤维素、半纤维素和木质素。这些东西大多数是不溶解于水的纤维，不像维生素、矿物质、蛋白质和脂肪那样，在身体里可以被吸收分解，但是它们能与体内的胆固醇结合，将胆固醇通过消化系统排出体外。

《美国临床营养学杂志》有份研究报告报道说，医生们曾在对 3.9 万多名妇女，经过长达 6 年的观察后发现，平均每天吃 26.3 克纤维的人，心脏病发作的风险要比很少吃纤维的人小得多。美国《科学》杂志也报道过，高纤维饮食可通过影响肠道细菌而起到降低血糖和治疗糖尿病的作用。美国食品药品监督管理局认为，一个健康的人在摄入 1 000 卡（卡为热量的非法定计量单位，1 卡＝4.186 焦）热量的食物时，其中至少要含 11.5 克纤维。按此推算，一个人平均每天要摄入 2 500 卡热量，所以每天至少要吃 28 克纤维。

（一）高纤维食物的优势

1. 促进减肥

纤维素密度小、体积大，进食后充填胃腔，需要较长时间来消化，可延长胃排空的时间，使人容易产生饱腹感，减少热量的摄取；同时，纤维素减少了摄入食物中的热量比值；纤维素在肠内还会吸附脂肪并随之排出体外，有助于减少脂肪积聚，防止肥胖。

2. 维持肠道菌群稳定

纤维素缺乏会引起肠道微生物菌群的多样性减少，并且影响肠道菌群在两代人之间的迁徙。一旦下一代的肠道菌群受到影响，即使再大量补充纤维素也无济于事。虽然这些粗纤维不被人体分泌的消化酶破坏，但是居住在人体肠道中的各种各样的微生物产生了成千上万的酶，特异性地消化了这些纤维素。个别细菌甚至能产生 300 多种消化粗纤维的酶。这些微生物把纤维素中的糖类发酵成短链脂肪酸，为小肠细胞提供能量，促进全身生理功

能的正常运转，帮助人体形成正常的免疫应答。

3. 防治便秘

食物纤维体积大，在人体的胃肠道中可以吸收更多的水分，使粪便的体积增大，质地变软，加快肠道的蠕动，减少便秘的发生。

4. 降低血脂

食物纤维中有些成分如果胶可与胆固醇结合，木质素可与胆酸结合，使胆固醇和胆酸直接从粪便中排出，减少机体对胆固醇的吸收，降低血脂。粗纤维在肠道内吸水，对肠内容物起到稀释作用，降低了胆汁和胆固醇的浓度，并且有助于肠道内正常寄居细菌的生长繁殖。这些正常细菌在繁殖过程中也能使胆固醇在转化后经粪便排出，有助于减少冠心病的发生。

5. 保护皮肤

血液中含有毒物质时，皮肤就成了其排出毒素的地方，面部暗疮正是由于血液中过量的酸性物质及饱和脂肪而形成的。经常便秘的人肤色枯黄，主要是因为粪便在肠中停留时间过长，有毒物质被肠壁吸收并使血液沾上毒素所致。食物纤维能刺激肠道蠕动，使废弃物能及时排出体外，减少了毒素对肠壁的毒害作用，从而可以保护皮肤。

6. 控制血糖

有人认为，糖尿病的起因之一是食物中纤维素含量太低。高纤维食品给人体提供的能量很少，纤维中的果胶可延长食物在肠道内的停留时间，降低葡萄糖的吸收速度，使进餐后血糖不会急剧上升，有利于糖尿病患者病情的改善；高纤维食品还可降低生理范围内的胰岛素分泌，减少对食物的摄取；另外，高纤维食品可降低糖尿病患者对胰岛素或一般口服降血糖药的需求，能有效控制血糖浓度。

7. 吸收毒素

食物在消化分解的过程中会产生不少毒素，这些有害物质在肠腔内会刺激黏膜上皮，日久便会引起炎症；吸收到血液内，可加重肝脏的解毒负担。纤维素在胃肠道中遇水形成致密的网络，吸附有机物、无机物、水分，对维持胃肠道的正常菌群结构起着重要作用；同时，肠内容物中的毒素会被纤维素吸附，肠黏膜与毒素的接触机会减少，吸收入血量亦减少。

（二）赤松茸粗纤维含量高

赤松茸中粗纤维含量占其干重的7.97%左右，最常见的食用菌中香菇的粗纤维含量为13.2%，平菇的粗纤维含量为6.1%，金针菇的粗纤维含量为3.7%，杏鲍菇的粗纤维含量为5.4%，可见赤松茸粗纤维含量居于较高水平。根据《食品安全国家标准　预包装食品营养标签通则》（GB 28050—2011）营养成分含量的要求和条件规定，膳食纤维含量≥6克/100克为“高或富含膳食纤维或良好来源”，因此赤松茸是一种富含膳食纤维的食用菌，赤松茸的摄入符合当前国内外普遍提倡的改变膳食结构的要求。

四、矿物质

已发现人体有20余种必需的无机元素，约占人体质量的4%~5%。其中含量较多（>5克）的有钙（Ca）、磷（P）、钾（K）、钠（Na）、镁（Mg）、氯（Cl）和硫（S）7种，每天摄入量都需要在100毫升以上，称为常量元素。微量元素是指占人体总重量万分之一以下（<0.01%）的元素。微量元素含量虽微，但与生长、发育、营养、健康、疾病、衰老等生理过程关系密切，是重要营养素。《中国居民膳食营养素参考摄入量（2023版）》中列出了铁（Fe）、碘（I）、锌（Zn）、硒（Se）、铜（Cu）、氟（F）、铬（Cr）、锰（Mn）、钼（Mo）共9种微量元素的参考摄入量。通常，衡量食物中无机盐的质量，主要看钙、磷、铁等元素的含量，而食用菌是人类膳食所需矿物质的优质来源。

食用菌含有丰富的人体必需矿物质营养元素，其灰分一般占

干重的 2%~15%，除钙、镁、铁、钾、磷、铜、锌含量较高外，还富含具有抗衰老、增强免疫力、防治心脑血管病等微量元素硒和锗（Ge）等。赤松茸子实体的灰分含量可达 8.72%，而且菌盖与菌柄中的灰分含量差异极显著，菌盖中的灰分含量可达 10.07%，这说明赤松茸含有丰富的矿物质，尤其是其菌盖。

（一）钙

钙是人体内含量最多的矿物质之一，约占体重的 2%。钙不仅是构成骨骼组织的重要矿物质成分，而且能调节体内的酸碱平衡，维持毛细血管的通透性，激活许多重要的酶，促进血液的凝固。缺钙可导致骨软化病、骨质疏松症等疾病。中国营养学会推荐，18~50 岁成年人每天钙的适宜摄入量为 800 毫克；50 岁以后的中老年人每天钙的摄入量为 1 000 毫克。常见食用菌中钙含量较多的有黑木耳（东北黑木耳的钙含量可达 9 838.82 毫克/千克）、口蘑（云南省迪庆藏族自治州香格里拉市产的口蘑的钙含量可达 557.0 毫克/千克）、草菇（钙含量为 114.91 毫克/千克）、羊肚菌（青海省湟源县产的羊肚菌的钙含量可达 2 079 毫克/千克）和银耳（宁德市古田县产的银耳的钙含量可达 322.3 毫克/千克）。与常见食用菌香菇（钙含量为 14.57 毫克/千克）、杏鲍菇（钙含量为 86.41 毫克/千克）、茶树菇（钙含量为 38.37 毫克/千克）和金针菇（钙含量为 17.63 毫克/千克）相比，赤松茸（河南省博爱县所产）的钙含量为 1 330 毫克/千克，在各食用菌中处于中高水平，是补充钙元素的良好食材。

（二）磷

磷约占成人体重的 1%，常与钙结成“搭档”，成为骨骼和牙齿的重要材料。磷又是细胞的组成成分，参与细胞的各项功能活动。我国营养学会推荐 18 岁以上成年人每天磷的适宜摄入量为 700 毫克，合理膳食的磷含量往往超过人体的需要，所以人体的磷缺乏很少见。常见的含磷量较高的食用菌有羊肚菌（磷含量为4.788毫克/克）、黄菇（磷含量为8.999毫克/克）、香菇（磷含量为10.5毫克/克）和黑木耳（磷含量为1.96毫克/克）。赤松茸的磷含量为8.74毫克/克，在食用菌中也处于中高水平。

（三）铁

铁是人体内含量最多的微量元素，铁与人体的生命健康有着密切的关系。铁是血红蛋白的重要组成成分，具有在呼吸中运输氧和二氧化碳的作用；又是肌红蛋白、细胞色素和酶系统的组成部分；并且是维持人体免疫系统的正常功能所必需的。缺铁会导致缺铁性贫血、免疫力下降。由于食物中最常见的铁形式是不溶的，且在肠道内吸收率很低，故缺铁性贫血是一个世界范围的营养问题。我国营养学会推荐18岁以上男性和女性每天的铁适宜摄入量分别是15毫克和20毫克，孕晚期最高需要35毫克。常见含铁丰富的食用菌有红菇（福建省南平市江源村产的红菇铁含量可达970.2毫克/千克）、大白口蘑（铁含量为332.1毫克/千克）、黑木耳（东北黑木耳的铁含量可达701.48毫克/千克）和香菇（平均铁含量为124.38毫克/千克）。它们的铁含量是一般蔬菜的数十倍。与常见食用菌杏鲍菇（铁含量为56.84毫克/千克）、金针菇（铁含量为171.56毫克/千克）、茶树菇（铁含量为94.93毫克/千克）相比，赤松茸的铁含量约为244.1毫克/千克，处于高水平。

（四）锌

锌具有促进生长发育和组织修复再生，保护皮肤健康，增强免疫系统，改善食欲、促进正常的物质代谢及多种内分泌腺功能等作用。儿童缺锌可导致生长发育不良；孕妇缺锌可导致婴儿脑发育不良、智力低下，即使出生后补锌也于事无补。我国营养学会推荐的成年男性每天锌的适宜摄入量为15毫克，女性为11.5毫克。口蘑（锌含量为370.8毫克/千克）、榛蘑（锌含量为148.7毫克/千克）、平菇（锌含量为143.49毫克/千克）和羊肚菌（锌含量为 118 毫克/千克）等食用菌中含锌量相当高，其次是茶树菇（锌含量为 72.25 毫克/千克）、赤松茸（锌含量为 54.4 毫克/千克）、金针菇（锌含量为 50.98 毫克/千克）、杏鲍菇（锌含量为 39.75 毫克/千克）等，因此赤松茸的锌含量在食用菌中处于中上水平。

（五）硒

硒在人体内绝大部分与蛋白质结合，是人体内多种酶的组成成分，参与酶的合成。硒在体内起着抗氧化作用，某些含硒酶通过消除脂质过氧化物阻断活性氧和自由基的致病作用。硒几乎存在于所有免疫细胞中，补充硒可以明显提高机体免疫力。硒和金属有很强的亲和力，能解除体内重金属的毒性作用，是一种天然的对抗重金属的解毒剂。有研究表明，每天摄入 250~300 微克的硒有预防癌症的作用，尤其对于硒摄入量较低或不足的人群效果更为显著。我国已证实硒缺乏是引起克山病、大骨节病的一个重要原因。食用菌中硒含量最高的是松口蘑（长白山地区产的硒含量可达 24.45 毫克/千克），红牛肝菌（硒富集可达 18.81 毫克/千克）、美味牛肝菌（硒富集可达 17.54 毫克/千克）、榛蘑（长白山地区产的硒含量可达 11.58 毫克/千克）、猴头菌（长白山地区产的硒含量可达 11.38 毫克/千克）中硒含量也较为丰富，富硒赤松茸在自然状态下含硒量为 2.57 毫克/千克，富硒培养菌丝体含硒量可达 4 727.68 毫克/千克，富硒能力很强。

（六）锗

锗目前还未被认为是人体必需的微量元素，但由于许多名贵中药材的独特保健作用被认为是与其含有丰富的有机锗有关而受到人们的重视。有机锗具有抗肿瘤、消炎与免疫调节、抗病毒、抗氧化、抗衰老、降血脂等多重功能。有机锗作为一种结构特殊的新型抗癌药物具有抗癌谱广、毒性极低和没有骨髓毒性的特点，如有机锗-132 作为一种广谱抗癌药物已经广泛应用于各种疾病的治疗。灵芝中的有机锗被认为是灵芝防癌抗癌的有效成分，其含量是人参的3~6倍。金针菇、香菇、姬松茸、灵芝、猴头菇等食用菌的富锗栽培及有机锗提取方面的研究较多，但是对赤松茸在这方面的研究较少，因此科研工作者可以在赤松茸的锗含量检测及富锗栽培等方面进行相关的深入研究。

（七）重金属

重金属污染是危害食品安全的主要原因之一，人类进行的大量活动已在不知不觉中给环境造成严重污染，而人体又在不断地通过各种途径和方式摄取食物，被污染的食物进入人体进而影响人类的身体健康。近年来越来越多的新闻报道了因为食品而导致“中毒”，例如轰动全国的大米镉（Cd）超标事件，镉是通过废水排入环境中，再通过灌溉进入稻子中的，长期食用含镉的大米会引起骨痛病；八大公害之一——日本的水俣病事件中，汞（Hg）就是通过工业废水的排放、含汞农药的流失等进入海洋，并进入海洋生物体内，从而影响到人体健康的；有毒金属和氟化物会引起肝损伤，工业活动会导致人类自身受到氟化物、镉和铅（Pb）的污染，对身体健康造成严重威胁。

在化学领域中，按比重来分的“重金属”，是不完全相同的。重金属，一般是指密度大于4.5克/厘米^{3}的金属，包括汞、铅、钡（Ba）、铬（Cr）、镉、锑（Sb）和类金属砷（As）等。在空气、泥土，甚至水中都含有重金属，而且重金属非常难以被生物降解，并能在食物链的生物放大作用下，成百上千倍地聚集，最后进入人体。重金属在人体内能和蛋白质及酶等发生强烈的相互作用，使它们失去活性，也可能在人体的某些器官中累积，造成慢性中毒。而赤松茸中对人体有害的重金属元素含量均较低（表5-2），均低于国家标准或食用菌标准。

表 5-2　赤松茸中的重金属元素含量　　　（单位：毫克/千克）

元素	镉	汞	铅	砷	锑	铬	钡
含量	0.393	0.10	0.662	0.65	<0.01	0.374	8.52
GB 2762—2017	≤0.2（新鲜）； ≤0.5（制品）	≤0.1	≤1.0	≤0.5	-	-	-
NY/T 749—2018	≤1.0	≤0.2	≤2.0	≤1.0	-	-	-

注：GB 2762—2017 指《食品安全国家标准　食品中污染物限量》中的限量指标；NY/T 749—2018 指《绿色食品　食用菌》中的限量指标；“-”指对应的文件中未有明确标准。

五、氨基酸

氨基酸是蛋白质的基本构成单位，是食物营养成分的重要指标之一，参与人体内众多重要生理过程，对维护人体的长期健康和预防慢性疾病具有非常重要的意义。《健康中国行动（2019—2030 年）》指出，近年来我国居民营养健康状况明显改善，但仍面临营养不足与过剩并存、营养相关疾病多发等问题。合理膳食是保证健康的基础，而食物的营养成分分析和营养价值评价是合理膳食的基础。食品中氨基酸的种类、含量与组成是评价其营养价值的重要指标。

我国居民的主食是谷物，但谷物中的氨基酸配比不能完全满足人体的需要，体内尤其缺乏赖氨酸。禾本科作物种子常缺乏1~2种氨基酸。食用菌是优质的氨基酸来源，有“植物肉”之称，其氨基酸含量优于许多果蔬和谷物。食用菌蛋白质所含氨基酸种类比较齐全，平均含有 17~18 种氨基酸，一般包括人体必需的 8 种氨基酸：赖氨酸、苏氨酸、亮氨酸、异亮氨酸、缬氨酸、蛋氨酸、色氨酸、苯丙氨酸。18 种氨基酸的总量为 10.71%~24.81%，8 种人体必需氨基酸在总氨基酸中的比例为 30%~50%。同时食用菌所含氨基酸主要是 L 型氨基酸，约有 70%可以被人体吸收利用，因此是极好的营养保健食品。

赤松茸中含有缬氨酸、谷氨酸、天冬氨酸、蛋氨酸、苯丙氨酸、亮氨酸和苏氨酸等18种氨基酸（表5-3），菌盖和菌柄中总氨基酸百分含量分别为17.51%和6.67%，包含了人体所需的8种必需氨基酸。赤松茸中不仅含有18种氨基酸，而且总量高于黑木耳、香菇、平菇、杏鲍菇等常见食用菌，与茶树菇相近。子实体中必需氨基酸（EAA）总量为6.54%，非必需氨基酸（NEAA）总量为10.18%，必需氨基酸/（必需氨基酸+非必需氨基酸）及必需氨基酸/非必需氨基酸比值分别为39.1%和0.64，已达到联合国粮食及农业组织和世界卫生组织（1973年）提出的理想蛋白质中必需氨基酸应达总量40%左右，必需氨基酸/非必需氨基酸值应在0.6以上的要求。

对赤松茸菌盖和菌柄分别进行的研究显示，菌盖中的必需氨基酸占氨基酸总含量的41.11%，必需氨基酸与非必需氨基酸含量的比值为0.69，分别高于联合国粮食及农业组织和世界卫生组织规定的40%和0.6的标准；同样的，赤松茸菌柄蛋白质中必需氨基酸占氨基酸总含量的46.17%，必需氨基酸/非必需氨基酸为0.85，也高于联合国粮食及农业组织和世界卫生组织规定的标准，故可以说赤松茸整个子实体，无论菌盖还是菌柄，都可以为人们提供优质蛋白质。同时研究结果表明，赤松茸菌盖和菌柄中的蛋白质相对于鸡蛋蛋白（标准蛋白）的贴近度分别为0.584 2和0.426 7，赤松茸不同部位的第一限制性氨基酸是亮氨酸，氨基酸比值系数分别为71.38和36.33，营养价值评价结果表明，赤松茸在医药学和营养学方面都具有很高的价值，是一种值得大力开发利用的食用菌资源。

赤松茸含有的各种氨基酸中谷氨酸的百分含量是最高的，分别为3.09%（菌盖）和1.01%（菌柄），谷氨酸通过食物被人体摄入后会与人体中的血氨结合，生成对人体无害的谷氨酰胺，从

而解除身体内各组织代谢过程中产生的氨的毒害作用，并积极参与脑组织的新陈代谢，促进脑机能的活跃。除此之外，赤松茸中还含有丰富的氨基酸，如亮氨酸、色氨酸、精氨酸等，虽然它们在菌柄中的含量没有菌盖中多，但其重要的药用价值依然不可忽视。天冬氨酸与谷氨酸是重要的呈味氨基酸，也是食物加工过程中的鲜味物质，这两种氨基酸的含量在菌盖和菌柄中占氨基酸总含量的27.52%与23.83%，证实了赤松茸是很好的鲜味物质，这与其醇香味的独特口感相一致。

表5-3　赤松茸菌盖和菌柄中氨基酸组成与含量

种类		百分含量/%	
		菌盖	菌柄
必需氨基酸	亮氨酸	1.23	0.43
	异亮氨酸	0.72	0.25
	赖氨酸	1.13	0.38
	蛋氨酸	1.17	0.91
	苯丙氨酸	0.83	0.33
	苏氨酸	0.94	0.35
	缬氨酸	0.93	0.34
	色氨酸	0.25	0.09
非必需氨基酸	半胱氨酸	0.08	0.02
	天冬氨酸	1.73	0.58
	丝氨酸	0.97	0.34
	谷氨酸	3.09	1.01
	甘氨酸	0.95	0.33
	丙氨酸	1.16	0.47
	酪氨酸	0.42	0.21
	组氨酸	0.44	0.12
	精氨酸	0.88	0.28
	脯氨酸	0.75	0.27

六、脂类

脂类包括脂肪和类脂，其中类脂包括磷脂、糖脂、固醇类、脂蛋白等。脂肪是人体主要的供能营养素，也是人体内主要的储能物质。人体合理膳食的总能量有20%~30%是由脂肪供给的。磷脂和胆固醇是细胞的构成原料，与蛋白质结合构成生物膜，以及血液中的脂蛋白。胆固醇还是人体合成类固醇激素的原料。

脂肪是由一分子甘油和三分子脂肪酸构成的酯（甘油三酯），目前已知自然界中存在的脂肪酸有40多种。脂肪摄入过多，易导致摄取热能超过身体所需，引起超重或肥胖。肥胖者易患高血压、高血脂、动脉硬化、糖尿病及胆道疾病。流行病学调查资料证实，高脂肪膳食与肠癌、乳腺癌等的发病率有一定关系。同时摄入脂肪酸的种类、胆固醇的量等与人体健康也有密切关系。

脂肪酸是组成脂肪的基本单位，脂肪酸的种类有很多，可分为饱和脂肪酸、单不饱和脂肪酸与多不饱和脂肪酸三大类；按照功能又可分为必需脂肪酸与非必需脂肪酸。必需脂肪酸是人体必需但自身又不能合成，必须由食物供给的不饱和脂肪酸，包括单不饱和脂肪酸中的油酸，多不饱和脂肪酸中的亚油酸、亚麻酸、花生四烯酸、二十二碳六烯酸（DHA）和二十碳五烯酸（EPA），人体若缺少它们就会产生一系列缺乏症状，如生长迟缓、皮炎等。另外，油酸、亚油酸、亚麻酸等不饱和脂肪酸可有效地清除人体血液中的垃圾，延缓衰老，降低胆固醇含量和血液黏稠度，预防高血压、动脉粥样硬化和脑血栓等心脑血管疾病。动物性食物的蛋白含量高于植物性食物，而且氨基酸种类比较齐全，比例均衡。但是，动物性食物的脂肪含量也大大高于植物性食物，且饱和脂肪酸占较大比例。因此，摄入过多的动物脂肪不但会引起发胖，还易引发某些心脑血管系统疾病。

食用菌中所含的脂类物质主要包括脂肪酸、植物甾醇和磷脂。与其他食品相比，食用菌所含的脂类物质有三个突出的特点：一是脂类物质含量较低，为低热量食物，但天然粗脂肪齐全。不同种类或品种的粗脂肪含量不同，黑木耳为0.74%，香菇为1.71%，金针菇为2.85%，蘑菇为4.12%，姬松茸子实体为5.34%，平均含量为干重的3.0%左右。二是不饱和脂肪酸的含量远高于饱和脂肪酸，且以亚油酸为主。据分析，目前广泛栽培的几种主要食用菌的不饱和脂肪酸的含量占总脂肪酸含量的72.0%左右，其中亚油酸占脂肪酸含量的比率，香菇为76.0%，双孢蘑菇为69.0%，草菇为70.0%。三是植物甾醇尤其是麦角甾醇含量较高，如干品麦角甾醇含量草菇为0.47%，香菇为0.27%，蘑菇为0.13%。麦角甾醇是维生素D的前体，它在紫外线的照射下可转变为维生素D，促进钙的吸收，预防佝偻病。总之，食用菌蛋白质含量高，可与肉类相媲美，但脂肪含量极低，是很好的高蛋白低能量食物，兼有高含量不饱和脂肪酸，是健美减肥者的首选食品。

赤松茸中粗脂肪含量约为2.19%。利用气相色谱-质谱仪（GC-MS）对赤松茸3个菌株（高邮、朝阳、土肥）菌丝中所含脂肪酸的种类及含量进行的分析表明：赤松茸是一种脂肪含量低、不饱和脂肪酸含量高的食用菌。高邮、朝阳、土肥菌丝体中的不饱和脂肪酸含量分别达到各自总脂肪酸含量的77.4%、77.5%和78.7%，尤其是人体所必需的亚油酸在赤松茸不饱和脂肪酸中占主导地位。因此，经常食用赤松茸可以很好地降低中老年人血液中的胆固醇浓度，预防心血管疾病的发生。

七、维生素

维生素既不构成人体细胞，也不供给能量，但它是维持人体正常生命活动所必需的营养物质。缺乏维生素会使人体物质代谢发生故障，甚至造成疾病，即维生素缺乏症。人体对维生素的需要量虽然很少，但大多数维生素在体内不能合成，必须由食物供给。

维生素的种类有很多，根据溶解性可分为脂溶性维生素和水溶性维生素两大类：一类为脂溶性维生素，包括维生素 A、维生素 D、维生素 E、维生素 K 四大类。它们可溶于脂肪及脂溶剂，但不溶于水，在食物中与脂类共同存在，这类维生素在被人体摄入以后，大部分储存在脂肪组织中，因此摄入过多会引起人体中毒，但缺乏这类维生素时人体亦会出现生长较为缓慢的症状。另一类为水溶性维生素，包括维生素 B_1、维生素 B_2、维生素 B_6、维生素 B_{12}及维生素 C、烟酸、叶酸、泛酸、生物素等。顾名思义，水溶性维生素溶于水而不溶于脂肪及脂溶剂，在满足人体的需要后，多余的将随尿排出，因此摄入过量时不易出现中毒症状，但缺乏时症状出现较快。

维生素 A 是视紫质的组成部分，视紫质与夜盲症有关，故缺乏维生素 A 容易导致夜盲症。蜜环菌、羊肚菌、鸡油菌以富含维生素 A 著称，多食此类食用菌可以防止视力失常、夜盲症、眼角膜硬化以及皮肤炎症，还可提升性腺功能。

食用菌含有丰富的 B 族维生素，维生素 B_{12}的含量比肉类还要高。它能防止恶性贫血，改善神经功能，并有降低血脂的作用。一般来说，人体相对易缺乏的是维生素 B_1，双孢蘑菇、大红菇、黑木耳中所含的维生素 B_1 比一般植物性食品都要高，对提高食欲、恢复大脑功能、增加乳汁有一定好处，心脏病、神经炎、胃肠功能障碍、脚气症患者多食此类食用菌有助于身体康复。维生素 B_2参与机体的氧化还原反应，可提高对蛋白质的利用率，促进生长发育；能有效预防各种黏膜及皮肤炎症；还能和烟酸协调，起到各种解毒作用。一般的食用菌都含有维生素 B_2，大红菇、松茸、香菇、羊肚菌中维生素 B_2 的含量更为突出。

维生素 C 又称抗坏血酸，因具有高度还原性而具有抗氧化作用，并且是羟化过程底物和酶的辅助因子，参与胶原的合成，能促进伤口愈合，并具有促进铁的吸收、提高机体免疫功能的作用。动物性食物和牛奶等食品中维生素 C 的含量很少，但平菇、香菇、草菇、四孢蘑菇中富含维生素 C，一般食用菌中也均含有维生素 C。

维生素 D 是菇类中最常见的维生素，以香菇的含量为最高，每克干香菇含 128 个国际单位的维生素 D，是以营养价值高见称的大豆的 21 倍，是紫菜的 8 倍。一个正常人每天需要的维生素 D 为 400 个国际单位，这样每天食用 3~4 克香菇就可以满足人体对维生素 D 的需要。维生素 D 是钙质成骨的必需因子。所以，多食香菇可防止儿童因钙代谢障碍所致的佝偻病，以及孕妇、产妇的骨软化症，并能提高人体对疾病的抗御能力。

维生素 E 又称生育酚，与精子的生成和繁殖能力有关。其最突出的化学性质是抗氧化作用。它能增强细胞的抗氧化能力，有利于维持各种细胞膜的完整性。研究认为，维生素 E 具有许多重要的生理功能，如抗衰老作用、抗凝血作用、增强免疫力、改善末梢血液循环、防止动脉硬化等。灵芝、黑木耳、栗蘑等食用菌中维生素 E 含量较高。

以玉米和高粱为主食的人群中，有可能出现维生素 PP（烟酸和烟酰胺的总称）缺乏引起的癞皮病，表现为皮炎、腹泻及痴呆。四孢蘑菇、口蘑、香菇等食用菌中维生素 PP 含量丰富，多食这些食用菌有助于促进消化、保持皮肤和神经系统的健康。

景炳年等对赤松茸维生素进行了检测，发现赤松茸中富含维生素 B_2、维生素 B_6、维生素 B_{12}、叶酸、烟酸和泛酸等 6 种 B 族维生素，总量达 463.46 毫克/100 克，其中烟酸含量最高，达 392.053 毫克/100 克，占总维生素含量的 84.59 %，远高于香菇中烟酸的含量（21.31 毫克/100 克）；其次为叶酸，含量为

55.23 毫克/100 克，占总维生素含量的 11.92%。B 族维生素是人体维持基础代谢和正常生理功能所必需的水溶性维生素，人体不能自行合成，需要额外补充。因此，赤松茸可以作为补充 B 族维生素的一种重要食用菌。

八、抗氧化类化合物

赤松茸中总黄酮、总酚、总皂苷含量（表 5-4）都在 1 毫克/克以上，维生素 C 含量为 0.53 毫克/克，水溶性多糖达 6.3 毫克/克，它们是天然食物中能清除自由基的物质。赤松茸中的牛磺酸含量高于已报道的其他食用菌，牛磺酸是婴幼儿智力发育及神经中枢系统发育过程中不可缺少的营养素，目前的研究还表明它具有抗氧化和清除自由基的功效。

表 5-4　赤松茸抗氧化性物质含量　（单位：毫克/100 克）

物质名称	总黄酮	总酚	总皂苷	维生素 C	牛磺酸	水溶性多糖
含量	108.4	123.0	187.6	53.1	81.5	6 300

第二节　赤松茸的活性成分研究

在真菌培养过程中，食用菌体内的多种酶会帮助真菌降解并利用培养基或自然环境中的养分，产生许多真菌代谢产物、次生代谢产物和合成物，食用菌主要医疗功能分析如表 5-5 所示。其活性成分包括麦角甾醇、真菌甾醇、多糖等物质，这类物质除了具有抗炎、抗菌、抗疲劳和抗疟疾的功能外，还可以保护肺部和肝脏，增强免疫力和抗氧化能力。赤松茸中主要包括甾体类化合物、脂肪类化合物、生物碱类化合物、多糖类化合物、黄酮类化合物等生物活性物质。

表 5-5 食用菌主要医疗功能分析

医疗功能	可能的活性成分
抗氧化剂	香草酸、肉桂酸衍生物；硫组氨酸甲基内盐；麦角甾醇；硒；锌
免疫调节	单糖和双糖；β-葡聚糖；岩藻聚糖；类胡萝卜素；硒；锌；真菌甾醇，吲哚化合物；麦角固醇
抗菌、抗病毒	对羟基苯甲酸、没食子酸和原儿茶酸；抗生素、酚类化合物、甾醇和凝集素；麦角甾醇过氧化物；多糖
控制血胆固醇	β-葡聚糖
维生素	B 族维生素（维生素 B_1、维生素 B_2、维生素 B_6、生物素、烟酸、泛酸）、维生素 C 和脂溶性维生素 A、维生素 D、维生素 E 和维生素 K

一、甾体类化合物

天然甾体化合物（steroids）的存在十分普遍，是具有重要作用的一类化合物。它们在结构上相同的特征是具有环戊烷多氢菲的基础骨架，也被称为甾核。按照在甾体母核 C17 位上连接的侧链不同，天然甾体被分成多个种类，主要包括强心苷类、甾体皂苷类、植物甾醇类等。

强心苷类化合物是指通过强心苷元和糖缩合得到的产物，存在于被子植物中。强心苷的结构通常以甾体母核为苷元，C17 位连接不饱和内酯环，C3 位连接糖基。顾名思义，强心苷具有“强心”作用。“强心”作用是指此类化合物可以提高心肌的收缩功能，从而使心脏的机能增强、心率减慢。在临床上主要被用于治疗心脏方面的疾病，如心律失常和充血性心力衰竭等症。

甾体皂苷类化合物在天然产物中的地位非常重要，具有止咳、镇静、抑菌、抗癌、解热等多种功效，是合成甾体激素的重要原料，可以作为药物中间体发挥药用作用，在制备消炎药、镇痛药、脑血管疾病用药、避孕药物中被广泛应用。甾体皂苷的结构由两部分组成，包括糖及苷元，苷元有 27 个碳。甾体皂苷的基本结构是螺甾烷，包括螺甾烷醇型、异螺甾烷醇型、呋甾烷醇型和变形螺甾烷醇型。

植物甾醇广泛分布在大自然中，主要存在于植物油和一些加工物中。在植物油的脱臭馏出物里，甾醇占据了主要地位，另外在谷物及坚果中也能被发现，我们日常食用的果蔬中也含有小部分的植物甾醇。植物甾醇的种类有很多，比如 β-谷甾醇（β-sitosterol）、菜油甾醇（campesterol）、菜籽甾醇（brassicasterol）、豆甾醇（stigmasterol）、麦角甾醇（ergosterol）等。植物甾醇具有抗癌、免疫调节、降低胆固醇、消炎、抑菌等生理功能。

WU 等用乙醇和丙酮先后提取新鲜赤松茸子实体，提取液混合后离心，沉淀用已烷-水、氯仿-水和乙酸乙酯-水分离，已烷溶解部分反复用层析法进行分离，获得 4 种具有独特碳骨架的甾醇 strophasterols A-D，之后又分离获得多种赤松茸甾醇。主要包括：麦角甾醇（ergosterol）、啤酒甾醇（cerevisterol）、β-谷甾醇（β-sitosterol）、胡萝卜苷（daucosterol）、5α，6α 环氧-8α，9α-环氧-（22E，24R）-麦角甾-22-烯-3β，7α-醇［5α，6α-epoxy-8α，9α-epoxy-（22E，24R）-ergosta-22-ene-3β，7α-triol］、5α，6α-环氧-（22E，24R）-麦角甾-8（14），22-二烯-3β，7α-二醇［5α，6α-epoxy-（22E，24R）-ergosta-8（14），22-diene-3β，7α-diol］、5α，6α-环氧-（22E，24R）-麦角甾-8，22-二烯-3β，7α-二醇［5α，6α-epoxy-（22E，24R）-ergosta-8，22-diene-3β，7α-diol］、5α-麦角甾-7，22-二烯-3β-醇［5α-ergosta-7，22-dien-3β-ol］、（22E，24R）-3β，5α，9α-三羟基麦角甾-7，22-二烯-6-酮［（22E，24R）-3β，5α，9α-trihydroxyergosta-7，22-dien-6-one］、（24S）-麦角甾-7-烯-3β-醇［（24S）-ergosta-7-en-3β-ol］、5α，6α-环氧-（22E，24R）-麦角甾-8，22-二烯-3β，7β，14α-三醇［5α，

6α-epoxy-（22E，24R）-ergosta-8，22-diene-3β，7β，14α-triol］、5α，6α-环氧-（22E，24R）-麦角甾-8，22-二烯-3β，7β-二醇［5α，6α-epoxy-（22E，24R）-ergosta-8，22-diene-3β，7β-diol］、3β，5α-二羟基-（22E，24R）-麦角甾-7，22-二烯-6-酮［3β，5α-dihydroxy-（22E，24R）-ergosta-7，22-dien-6-one］、（22E，24R）-麦角甾-7，22-二烯-3β，5α，6β-三醇［（22E，24R）-ergosta-7，22-diene-3β，5α，6β-triol］、5α，9α-环氧-3β-羟基-（22E，24R）-麦角甾-7，22-二烯-6-酮［5α，9α-epidioxy-3β-hydroxy-（22E，24R）-ergosta-7，22-dien-6-one］和（23S）-麦角甾-7-烯-3β-醇［(23S)-ergost-7-en-3β-ol］等化合物。

二、脂肪族化合物

赤松茸粗脂肪含量为2.19%，是一种含有低脂肪、高不饱和脂肪酸的食用菌，主要包括亚油酸（linoleic acid）、棕榈酸（palmitic acid）、棕榈油酸（palmitoleic acid）、油酸（oleic acid）、硬脂酸（stearic acid）、木焦油酸（wood taroleic acid）、10-花生酸（10-eicosanoic acid）和6-甲基-1-十八烯（6-methyl-1-octadecene）等化合物。

三、生物碱类化合物

生物碱（alkaloid）一般指存在于生物体内的碱性含氮化合物，多数具有复杂的含氮杂环，有光学特异性和显著的生理效应。但也有少数生物碱例外，如麻黄碱是有机胺衍生物，氮原子不在环内；咖啡因虽为含氮的杂环衍生物，但碱性非常弱，或基本上没有碱性；秋水仙碱几乎完全没有碱性，氮原子也不在环内等。由于它们均来源于植物的含氮有机化合物，又有明显的生物活性，故仍在生物碱的范围内。而有些来源于天然的含氮有机化合物，如某些维生素、氨基酸、蛋白质、核苷等，习惯上又不属于生物碱，所以“生物碱”一词到现在还未有严格而确切的定义。

生物碱是生物体次生代谢产物中较大的一类物质，目前已分离出的生物碱约有 1 万多种，而且不断有新的生物碱被发现。按照结构不同可将生物碱分为 16 个类别，分别为：

（1）吡啶衍生物类，包括简单吡啶类及双稠哌啶类，如烟碱、金雀花碱、半边莲碱、槟榔碱、苦参碱等。

（2）吡咯啶衍生物类，指五环（吡咯烷）或六环（哌啶）中存在一个氮原子的生物碱，如红古豆碱、野百合碱等。

（3）莨菪烷衍生物类，莨菪烷是由吡咯啶和哌啶骈合而成的杂环，可分为 2 个类型：颠茄生物碱和古柯生物碱，前者包括莨菪碱、阿托品等，后者主要包括古柯碱（又称可卡因）。

（4）异喹啉衍生物类，此结构基于四氢异喹啉核，主要由苯丙氨酸或酪氨酸生物合成而来。此类生物碱都有芳香碱基，具有不同数量的羟基、甲氧基以及亚甲基二氧取代基，如小檗碱、罂粟碱、吗啡等。

（5）菲啶衍生物类，如白屈菜碱、石蒜碱等。

（6）吲哚衍生物类，此类生物碱由色氨酸生物合成而来，包括简单吲哚类和二吲哚类衍生物，如长春花碱、麦角新碱、麦角胺、利血平等。

（7）吡嗪衍生物类，如川芎碱等。

（8）喹唑酮衍生物类，如常山碱等。

（9）嘌呤衍生物类，由嘌呤衍生的生物碱，在植物界分布较散，如咖啡碱、香菇嘌呤等。

（10）喹啉衍生物类，由（邻）氨基苯甲酸生物合成而来，具有一个双环结构，即一个苯环与一个吡啶环相连接，如蓝刺头碱、茵芋碱、奎宁、喜树碱等。

（11）咪唑衍生物类，如毛果芸香碱等。

（12）有机胺类，此类生物碱的化学结构特点是氮原子在环外侧链上，如麻黄碱、秋水仙碱、益母草碱等。

（13）甾体生物碱，此类生物碱包括甾类生物碱和异甾类生物碱，氮原子大多数在甾环中，有的以与低聚糖结合的形式存在，如藜芦碱、茄碱、贝母碱等。

（14）萜类生物碱，其氮原子在萜的环状结构中或在萜结构的侧链上，单萜类生物碱由异戊二烯化合物与氨的缩合生物合成而来，还有一些单萜类生物碱化合物具有较为突出的胍基取代，如龙胆碱、猕猴桃碱、石斛碱、关附甲素、乌头碱等。

（15）大环生物碱，大多数具有内酯结构，故亦称大环内酯类生物碱，如美登木碱、番木瓜碱等。

（16）其他类，如千金藤碱、三尖杉碱等。

赤松茸中分离鉴定到的生物碱类化合物主要有：尿嘧啶（uracil）、烟酸（nicotinic acid）、黄嘌呤（xanthine）、次黄嘌呤（hypoxanthine）、腺嘌呤（adenine）、鸟嘌呤（guanine）和（2S，3R，2′R，4E，8E）-N-（2′-羟基二十二碳五烯酰基）-9-甲基-1，3-二羟基-2-氨基-4，8-十九碳二烯醇［（2S，3R，2′R，4E，8E）-N-（2′-hydroxyeicosanosyl）-9-methyl-1，3-dihydroxy-2-amino-4，8-nonadecadiene］等化合物。

四、多糖类化合物

多糖（polysaccharide）是由多个单糖分子缩合、失水而成的一类分子结构复杂且庞大的糖类物质，凡符合高分子化合物概念的碳水化合物及其衍生物均称为多糖。多糖主要来源于高等植物、动物细胞膜以及微生物细胞壁，根据其来源可分为植物多糖、动物多糖及微生物多糖三大类。常见植物多糖有淀粉、纤维素、果胶等，动物多糖有糖原、肝素、甲壳素等，微生物多糖包括细菌多糖（凝结多糖、半乳葡聚糖、细菌纤维素等）和真菌多糖（酵母多糖、灵芝多糖、香菇多糖等）。

多糖是构成生命的四大基本物质之一，不仅是细胞的结构物质和能源物质，更是具有调节免疫功能、抗肿瘤、抗病毒、抗糖尿病、抗寄生虫、抗菌等多种生理功能的生物活性物质。

多糖是食用菌的主要生物活性成分之一，种类丰富，含量较高。赤松茸子实体中多糖含量高达 6.3%（干重），对其进行的研究发现，水溶性多糖主峰部分的相对分子质量为 22 000 克/摩尔，同时发现在高效液相检测时，以 0.1%甲酸铵为流动相较以纯水为流动相更能真实地反映多糖的分子质量分布情况；结合单糖组成分析、红外光谱及核磁共振分析表明，赤松茸水溶性多糖是由 5 种单糖组成的杂多糖，以吡喃糖为主，主要含有 D-果糖、D-葡萄糖和 D-木糖，同时存在 α-糖苷键和 β-糖苷键。郑州轻工业大学食品与生物工程学院何培新教授团队利用凝胶过滤层析方法从赤松茸深层培养发酵液中分离获得 1 种胞外多糖（exopoly saccharide），并用多角度激光光散射法（SEC-MALLS）进行了鉴定，该多糖平均分子量是 5.305×10^3 克/摩尔。

五、黄酮类化合物

黄酮类化合物（flavonoids）广泛存在于自然界。以前这类化合物主要指基本母核 2-苯基色原酮（2-phenyl-chromone）类化合物，现在则泛指 2 个苯环通过中央三碳链相互联结而成的一系列化合物，这类化合物由于大多呈黄色或淡黄色，因此被称为黄酮。据统计，目前已分离出的黄酮类化合物已超过 4 000 种，为天然酚类化合物之首。

根据三碳链氧化程度、B 环（苯基）联结位置（2 位或 3 位）以及三碳链是否呈环状等特点，可将天然黄酮类化合物大致分为黄酮类（flavones）、黄酮醇类（flavonols）、二氢黄酮类

(dihydroflavones)、二氢黄酮醇类（dihydroflavonols)、异黄酮类(isoflavones)、二氢异黄酮类（dihydroisoflavones)、黄烷-3-醇类(flavane-3-ols)、查尔酮类（chalcones)、黄烷-3，4-二醇类(flavane-3，4-diols)、二氢查尔酮类（dihydrochalcones)、花色素类（anthocyanidins)、双苯吡酮类（xanthones)。除了上述12种外，还有橙酮类（aurones)、新黄烷类（novel flavanes）化合物，这2种化合物在结构上与以上12种稍有差异。黄酮类化合物因其广泛的药理活性和较低的毒性，已成为国内外天然药物开发利用研究的热点。该类化合物具有保护心血管、抗氧化、抗肿瘤、镇咳祛痰、抗炎、抗病毒、调节免疫力等功能。

赤松茸中黄酮类化合物占干重的0.11%，目前已分离鉴定得到了槲皮素（quercetin)。

六、其他成分

凝集素（lectin）是一类非免疫来源的蛋白质或糖蛋白，广泛存在于动物、植物及微生物中，具有凝集细胞、抗菌、抗病毒等多种作用。目前从赤松茸子实体中分离获得了1种凝集素，具有适度耐热性，在70 ℃条件下活性稳定，在80 ℃条件下活性减半，在0.05摩尔/升氢氧化钠溶液和0.1摩尔/升盐酸溶液中保持稳定。另外，在赤松茸中还检测到对苯二甲酸二丁酯(dibutyl terephthalate)、牛磺酸和维生素C。

七、挥发油

挥发油（volatile oil）又称精油（essential oil)，是广泛存在于植物体内的芳香族化合物、脂肪族化合物和萜类化合物的总称，主要分为萜类、烷烃、烯烃、醇类、酯类、含羟基类和羧基类物质。提取后的挥发油多呈淡黄色油状液体，有香味，常温下可挥发，可依据香味来评价提取物的品质。挥发油具有抗炎、抗过敏、抗微生物、抗癌、酶抑制等多种生物活性，在医药化学、食品、化妆品等行业广泛应用。

赤松茸菇香浓郁，通过顶空固相微萃取法结合气相色谱-质谱联用方法对赤松茸子实体菌盖和菌柄的挥发性成分进行对比分析，并进行主成分分析（PCA），总共从赤松茸中鉴定出100种挥发性化合物，其中菌盖和菌柄都分别鉴定出50种挥发性化合物，其中菌盖中的主要以醇类、酯类和烷类化合物为主，分别占总比例的19.93%、19.43%和9.79%；菌柄中的主要以醇类、酯类和酮类化合物为主，分别占总比例的23.04%、21.04%和12.35%。所检测出的化合物中以3，4-二羟基-2-甲基吡啶-5-甲醇（3，4-dihydroxy-2-methylpyridine-5-methanol）、4-哌啶醇（4-piperidinol）、马来酸二乙基己酯［bis（2-ethylhexyl）maleate］、环己烷（cyclohexane）和3-壬烯-2-酮［（E）-3-nonen-2-on］的相对百分含量最高，对赤松茸香味的形成具有重要作用。主成分分析结果显示醇类化合物为赤松茸菌盖和菌柄的主要挥发性成分，且菌盖和菌柄在挥发性成分组成上具有明显差异。

第三节　赤松茸的营养价值与药用价值

赤松茸属于食用菌的一种，它含有丰富的蛋白质、氨基酸、矿物质和维生素等营养成分，受到世界各国人民的青睐，成为世界上菇类交易中最常见的一个品种。赤松茸具有良好的保健功效，而且营养价值特别高。赤松茸是食用菌中的后起之秀，是集香菇、蘑菇、草菇三者风味于一身的美味食品。菇体色泽艳丽，柄粗盖肥，食味清香，肉质滑嫩，柄爽脆，营养丰富，口感极好。赤松茸干菇香味浓郁，富含蛋白质和对人体有益的多种矿物质元素及维生素，能治疗或改善人体的多种疾病，堪称色鲜味美，是具有“素中之荤”美誉的全价营养保健食品。不论是爆炒、煎炸，还是煲汤、涮锅，赤松茸都很受欢迎，长期食用赤松茸具有预防冠心病、助消化、疏解人体精神疲劳的功效。另外，药理实验表明赤松茸还具有以下药用价值。

一、抗氧化作用

现代生活方式的快速改变和环境污染的不断加剧，导致人体内自由基数量增加，抗氧化能力减弱，引起机体氧化-抗氧化系统的失衡，从而积累过多的活性氧自由基，损伤核酸、蛋白质和脂质等生物大分子，导致动脉粥样硬化、肝病、糖尿病，以及各种炎症、癌症等疾病和衰老的发生。因此，寻找抗氧化作用显著且有效的抗氧化剂已成为预防和管理这些慢性疾病的重要策略。

抗氧化剂按其来源分为两大类：合成抗氧化剂和天然抗氧化剂。合成抗氧化剂对人体健康具有一定的潜在危害，如损伤肝和致癌作用，且大部分合成抗氧化剂能够产生过氧化氢，对细胞具有相当大的毒性；天然抗氧化剂则因抗氧化能力强、安全指数高、无毒副作用等优点而越来越受到人们的青睐。

食用菌因富含多糖类、生物碱类、多酚类、萜类、甾醇等多种活性物质而成为天然抗氧化剂的主要来源之一。研究发现，食用菌多糖能够清除活性氧、抑制脂质过氧化、提高抗氧化酶的活性，起到保护细胞膜和抗衰老的作用。猴头菇、香菇、银耳、鸡腿菇、灰树花、毛木耳、牛肝菌、树舌灵芝、灵芝、云芝、血红铆钉菇、杯伞、白灵菇、杏鲍菇、松茸等食用菌中的多糖都能够不同程度地清除1，1-二苯基-2-三硝基苯肼（DPPH）自由基、羟基自由基（OH）和超氧阴离子自由基（O_2^-）。一些重要的食用菌，如双孢蘑菇、香杏丽蘑、鸡油菌、喇叭菌、蜡伞、松乳菇、平菇、金耳、银耳、黑木耳、黄皮疣柄牛肝菌等食用菌中所含的多酚物质也被发现具有抗氧化活性。

赤松茸作为食用菌新秀，抗氧化能力亦十分突出。

（1）以不同粉碎程度的赤松茸子实体为研究对象，对其水提物和甲醇提取物体外抗氧化能力的评估结果表明：未粉碎赤松茸子实体水提取物、甲醇提取物对 DPPH 自由基的清除率最低；在粉碎程度相同的情况下，其对 DPPH 自由基的清除率与水提物、甲醇提取物的浓度呈正相关；40 目和 100 目粗粉水提物在浓度为 5.0 毫克/毫升时对 DPPH 自由基的清除率最高，达到 89.8%；100 目粉甲醇提取物在浓度为 33.3 毫克/毫升时对DPPH 自由基的清除率最高，达到 91.4%。

（2）以赤松茸粗多糖为研究对象，对其清除羟自由基和超氧阴离子自由基的能力评估结果表明：赤松茸粗多糖对羟自由基和超氧阴离子自由基均具有明显的清除能力，呈现良好的量效正相关关系，清除超氧阴离子自由基的 IC_{50} 为 108.60 微克/毫升，清除羟自由基的 IC_{50} 为 345.98 微克/毫升，对超氧阴离子自由基的清除效果更明显；且能够通过降低自由基对细胞膜造成的氧化损伤，缓解过氧化氢诱导的小鼠红细胞溶血的发生；通过提高肝组织抗氧化酶活性和非酶体系抗氧化能力，降低自由基对肝组织的损伤作用。

（3）以赤松茸胞外多糖为研究对象，结果表明其能有效地清除 DPPH 自由基和羟自由基，4 毫克/毫升多糖对羟自由基的清除率达到 16.98%，3 毫克/毫升多糖对 DPPH 自由基的清除率达到 27.96%，清除效果与多糖浓度呈现正相关。

（4）活体小鼠实验研究发现：赤松茸多糖能够明显降低四氯化碳（CCl_4）损伤小鼠心脏的丙二醛（MDA）的含量，增加总超氧化物歧化酶（SOD）、锰-超氧化物歧化酶（Mn-SOD）和谷胱甘肽过氧化物酶（GSH-Px）的活性；明显降低 D-半乳糖损伤小鼠心脏中 MDA 的含量，增加总 SOD、Mn-SOD 的活性，对 GSH-Px 的活性有一定的改善作用，说明赤松茸多糖能提高

CCl_4和D-半乳糖损伤小鼠心脏的抗氧化能力；同时，给小鼠喂食赤松茸菌丝体和富硒赤松茸菌丝体，也可以增加小鼠血液中SOD和GSH-Px的活性，降低血液中MDA含量，且富硒菌丝体的抗氧化效果更明显。

（5）以赤松茸盐渍加工过程产生的漂烫液（杀青水）中可溶性固形物为研究对象，对其抗氧化活性的评估结果表明：该固形物含量达到2.9%时，对羟自由基的清除率为72.55%，对超氧阴离子自由基的清除率为21.53%，具有较强的体外抗氧化活性。我们可以利用漂烫液开发抗氧化剂和功能性食品添加剂，变废为宝。

（6）科研人员还发现赤松茸子实体中的酚类物质和黄酮类物质具有一定的抗氧化能力。

二、护肝作用

肝脏是人体内的重要器官，主要负责机体内的新陈代谢，在血浆蛋白质合成、糖异生和糖储存、胆固醇代谢、胆汁酸合成、药物代谢和解毒等方面起着关键性作用。随着人们生活水平的提高和物质条件的改善，过多摄入酒精、高脂食物等不健康的生活方式都致使肝病发病率呈逐年上升趋势。目前，肝病已成为备受关注的世界性高发疾病之一。我国是肝病发生的重灾区，约有五分之一的人口深受肝病困扰，其中感染乙肝病毒的人数占我国总人口的8%以上。国内外目前对于肝病的治疗手段仍以药物干预为主，然而，常见用于治疗肝脏疾病的药物通常具有副作用大、费用高昂、治疗效果有限等局限性。近年来，植物和食用菌来源的天然产物在护肝方面显示出巨大的潜力，它们在抵抗肝脏氧化应激和炎症、调节肝脏脂质代谢紊乱和胰岛素抵抗等方面发挥着重要作用。

正常情况下，机体内肝细胞具有调控氧化应激水平并维持机体稳态的能力。然而，当机体受到酒精或其他有毒有害物质的刺激时，大量活性氧自由基的产生超出机体自身可调节范围，则会造成肝脏抗氧化系统的失衡，从而导致机体受损、炎症浸润等情况。因此，适当摄入具有清除氧自由基能力的外源抗氧化剂，能够有效地改善肝脏的氧化应激，进而达到护肝的目的。

多种食用菌如平菇、灵芝、云芝、姬松茸、羊肚菌、慈姑、樟芝、榆黄菇、毛木耳、台蘑、长柄侧耳和灰树花等，均具有良好的护肝作用，同样赤松茸也具有护肝的功效。研究表明，赤松茸多糖能够通过提高肝组织抗氧化酶活性和非酶体系抗氧化能力，降低自由基对肝组织的损伤作用。另有研究表明，赤松茸发酵时，当硒添加浓度为 150 微克/升时，从其中提取的胞内多糖能明显提高小鼠血液中 SOD 和 GSH－Px 的活性，降低血液中 MDA 的含量，说明该多糖也具有较强的抗氧化和护肝能力。

三、抑制肿瘤细胞作用

肿瘤是一类能直接导致人死亡的疾病，病理复杂，长期以来困扰着医学工作者。目前治疗肿瘤的药物因其明显的副作用严重危害着患者的健康，因此寻找能够抵御肿瘤，而且无副作用或较少副作用的生化药物，一直是科学工作者追求的目标。长期以来人们一直试图从一些特殊的食用菌品种中分离具有抗肿瘤特性的化合物，应用于临床医学研究。

食用菌作为一种辅助药品，不仅能够适当缓解放化疗过程中肿瘤患者产生的不适，如恶心、呕吐等，还能增强骨髓的造血机能等。从食用菌中分离出来的生物活性大分子主要包括多糖、蛋白质、生物碱和精油等物质。目前认为食用菌多糖是提高肿瘤患者免疫力的有效物质。研究表明，食用菌提取物与一些商用的抗肿瘤药物联合使用，能够更有效地抑制患者的抗药性。因为食用菌提取物富含细胞有丝分裂激酶抑制剂、拓扑异构酶抑制剂等，因此食用菌提取物中的这些化合物能够有效地诱导肿瘤细胞凋亡。目前研究证明，具有抑制肿瘤细胞作用的食用菌主要包括蛹虫草、猴头菇、层孔菌、平菇、榆黄菇、双孢蘑菇、姬松茸、灵芝和灰树花等。

20 世纪 80 年代已有赤松茸提取物具有抗肿瘤活性的报道，近年来相关研究也在相继开展。当赤松茸胞外多糖浓度为 100 微克/毫升时，体外对人肝癌细胞 HepG2 增殖的抑制率达到 26.58%。赤松茸中的凝集素具有抑制 HepG2 细胞株和白血病 L1210 细胞株增殖的作用，IC_{50}值分别是 7 微摩尔/升和 19 微摩尔/升。研究者从赤松茸子实体中分离到了多种甾醇类化合物，其中 1 种甾醇类化合物（之前该化合物曾被报道从芥橙黄鹅膏菌中分离获得过）对 4 种人类肿瘤细胞即人肺腺癌细胞 A549、人卵巢癌细胞 SK-OV-3、人皮肤黑色素瘤细胞 SK-MEL-2 和人结直肠腺癌细胞 HCT-15 均具有体外细胞毒作用；还有一种甾醇类化合物对宫颈癌细胞 HeLa 有细胞毒性。

四、抑菌作用

近年来，食用菌产业发展迅速，为人们提供了大量的健康食品。除食用性外，食用菌的抑菌作用也逐渐受到研究者的关注。由于抗生素的广泛使用，临床上出现的耐药菌日渐增多，给治疗带来诸多麻烦，我国药食用真菌资源丰富，为天然抑菌剂的研究与开发提供了良好来源。研究表明，多种食用菌包括香菇、榆耳、木蹄层孔菌、褐蘑菇、滑子菇等对人类疾病病原菌如大肠杆菌、沙门菌及金黄色葡萄球菌等具有良好的抑制作用。

赤松茸同样具有较好的抑菌作用。赤松茸黄酮类化合物浓度大于 10 克/升时对大肠杆菌有明显抑制作用，抑菌效果与黄酮类化合物的浓度呈正相关，浓度高于 40 克/升时对青霉菌有抑制作用，低于 40 克/升时对青霉菌抑制作用不明显。研究者从赤松茸子实体中分离得到了1种甾醇类化合物，其具有抑制耐甲氧西林金黄色葡萄球菌的作用，还得到2种其他化合物，这2种其他化合物具有抑制白念珠菌孢子菌丝萌发的作用。另有研究发现25毫克/毫升赤松茸液体培养胞外多糖对大肠杆菌、枯草杆菌和金黄色葡萄球菌的抑制率均为90%以上，并且硫酸化修饰的胞外多糖的抑菌效果较未硫酸化修饰的多糖的抑菌效果显著提高。

五、降血糖作用

糖尿病是一种常见的危害性很大的内分泌代谢疾病，以血浆葡萄糖水平增高为特征。患者血液中胰岛素绝对或相对不足，导致血糖过高，出现糖尿，进而引起脂肪和蛋白质代谢紊乱。随着人们生活水平的提高、生活方式的改变及社会老龄化等因素，糖尿病患者数量大幅增长。糖尿病已被列为继心血管疾病、肿瘤之后的第三大致死性疾病，严重威胁着人类的健康。

临床治疗糖尿病的药物除胰岛素外，主要是口服降糖药，大致分为磺脲类、双胍类、中药制剂、其他降糖药及辅助用药。由于现有口服降糖药和胰岛素存在种种毒副作用，故寻找疗效确切、副作用小的抗糖尿病新药，尤其是从天然药物中筛选和研究开发降血糖药物，已引起世界各国的广泛关注。目前已被证实具有降血糖作用的食用菌有灵芝、虫草、香菇、银耳、黑木耳、鬼伞、灰树花、猴头菇、茶树菇、鲍氏针层孔菌、姬松茸等。

多项研究表明赤松茸亦具有一定的降糖作用。用含有多糖、酚类和黄酮的赤松茸子实体提取物灌胃四氧嘧啶致糖尿病小鼠，对糖尿病小鼠有较好的降血糖、改善糖耐量作用，并有一定的降血脂作用。赤松茸液体培养胞外多糖可以降低链脲佐菌素致糖尿病大鼠血糖、总胆固醇、甘油三酯含量和谷草转氨酶的活性。

六、预防心血管疾病作用

赤松茸中不饱和脂肪酸含量分别达到各自总脂肪酸含量的77.4%、77.5%、78.7%，尤其是人体所必需的亚油酸在赤松茸不饱和脂肪酸中占主导地位。因此，经常食用赤松茸可以很好地降低中老年人血液中的胆固醇浓度，预防心血管疾病的发生。

七、其他作用

赤松茸凝集素具有抑制 HIV-1 反转录酶活性的作用，IC_{50}值是 19 微摩尔/升。破骨细胞非正常性快速生成是造成人体骨质疏松的原因之一，研究者从赤松茸子实体中分离得到了 5 种甾醇类化合物，这些化合物具有显著抑制破骨细胞形成的作用，同时分离得到了几种能够通过减弱 Ca^{2+}-ATP 酶抑制剂引起的细胞内质网压力来保护神经细胞的化合物。

第六章　赤松茸的加工和利用

第一节　赤松茸的采收与加工

一、采收和保鲜

赤松茸在菌盖呈钟形、子实体菌褶尚未破裂时可以适时采收。鲜菇一般在清早采收，在出菇旺季视情况每天早、晚可各采收1次。采收时，用手握住菇柄基部，轻轻旋转，再向上拔起。采收后的菇脚坑，用土填补好，并整理好覆盖面，添加部分新鲜稻草，为下一潮菇生长做准备。

将采收后的鲜菇去除根基部残留的泥土和培养料及菌丝束，分装于包装容器内，定量鲜销。鲜菇在2~5 ℃可保鲜2~3天。赤松茸出菇期集中，在采收后呼吸作用依然很强，在储运过程中变质较快，鲜品货架期较短，因此保鲜加工尤为重要。

目前，赤松茸的主要保鲜措施包括涂膜保鲜、低温保鲜等方法。现介绍如下：

（1）在常温下采用0.4%~1.0%的柠檬酸溶液浸泡赤松茸10分钟，能抑制菌盖开伞、酶促褐变，减慢软腐速度，使赤松茸的保鲜期达到5天，比对照组延长了2天。其中0.8%的柠檬酸溶液浸泡处理的保鲜效果优于浓度为0.4%、0.6%和1.0%的保鲜效果。可能是浓度低的柠檬酸不能发挥应有的作用，而浓度高的

柠檬酸会损伤菇表面的细胞组织所致。

（2）利用魔芋葡甘聚糖、淀粉和大豆分离蛋白等作为涂膜材料，通过控制 pH 值、各种物料浓度等条件对赤松茸进行涂膜保鲜处理，可有效降低赤松茸的失重率及其细胞膜的透性。

（3）100 倍的 EM 菌稀释液与 0.3%的焦亚硫酸钠溶液均对赤松茸的保鲜护色有一定的作用，能有效抑制赤松茸菌褶的褐变、降低质量损失率，并抑制赤松茸的呼吸作用。EM 菌稀释液的效果较好，用 EM 菌稀释液处理后的赤松茸在贮藏 5 天后仍具有可食性，至少能延长赤松茸 2 天的保鲜周期；而其他常用的抗坏血酸溶液、半胱氨酸溶液、柠檬酸溶液、氯化钠溶液等对赤松茸的保鲜护色效果不明显。

（4）采收后的鲜赤松茸使用真空预冷机处理，可及时去除田间热，在 20 分钟内就可使菇体内外均匀地降到 2~4 ℃的最佳贮藏温度，同时因真空预冷产生的“薄层干燥效应”还可有效治愈菇体表面的细小损伤，明显提升商品品质，将货架期延长 1 倍以上。

目前除鲜品外，还有以腌渍品、干品为主流的产品，深加工研究也在不断应用，加工品种在不断扩大。

二、盐渍加工

盐渍是指用食盐对食材进行腌制的过程。食盐可降低水分活度，使有害微生物发生质膜分离，破坏菌体酶活性，从而达到延长保质期的目的。

盐渍加工工艺流程：采收→平根、除杂→分级→漂洗、护色→漂烫（杀青）→冷却、分级→定色→退硫→盐渍→调酸、装桶。

（一）采收

用于盐渍加工的鲜菇，在成熟度为 60%~70%时就可以采收了。采收后可以用竹片或矿泉水瓶等制成简易的刮根器，刮去菇脚的泥沙和培养基等杂物，并清洗干净。

（二）平根、除杂

采集后的赤松茸应及时清除根基部残留的泥土、培养料、菌丝束等杂物，剔除异种、不完整菇。平根是为了去除毛刺；检查虫道，去除虫根；检查掺假杂物；去掉柄下部分的老化根、黑根。

（三）分级

根据菌盖直径将菇分级，按大（菌盖直径在7厘米以上）、中（菌盖直径为4~7厘米）、小（菌盖直径在4厘米以下）三级分类加工。

（四）漂洗、护色

漂洗是洗去菇体表面的泥沙、杂质，防止鲜菇氧化和褐变，保持食用菌的色泽和营养成分。漂洗水中常加入0.03%~0.08%的柠檬酸和0.04%~0.06%的焦亚硫酸钠或连二硫酸钠，然后将菇体放在含有上述成分的漂洗水中浸泡20~60分钟，进行漂洗、护色。

加工过程中最好用铝锅或不锈钢锅，如果用铁锅，一定要先用淡盐水洗净，除掉铁锈和油渍，否则易引起菇体褐变，影响成品的质量。

（五）漂烫（杀青）

水开后再倒入菇体，菇量是水量的35%~40%，若水少或菇多，则翻动时易造成菇体破碎，且漂烫不均匀，煮不透。在漂烫的过程中轻轻上下翻动，使菇体漂烫均匀，并撇去浮沫。

鲜菇下锅后待水重新沸腾3~5分钟，煮至菇体熟而不烂为止。煮菇4~5次后须更换漂烫水，漂烫水可用5%~6%的盐水，也可以用清水。鉴别漂烫生熟的方法是把菇体捞出放入冷水中，若下沉即为熟，若上浮则为生。

漂烫是为了软化组织，缩小体积，固化纤维质，增加塑性，以便于加工；杀菌防腐；驱除菇体组织中的空气，破坏酶的活性，防止褐变；杀死菇体细胞，破坏细胞膜的结构，增强细胞的通透性，有利于盐分渗入组织；排出部分水分。

（六）冷却、分级

赤松茸漂烫后，应立即放入含 1.0%~1.2%柠檬酸的冷水中迅速冷却，待菇体冷透后按食用菌分级要求进行分级。

（七）定色

将冷却分级后的赤松茸放入定色缸内，加入赤松茸重量 0.04%~0.06%的焦亚硫酸钠，在 16%~18%的盐水中腌渍 3~4 天，随盐分向菇体内自然渗透，逐渐完成定色。

（八）退硫

定色过程中可产生硫化物，可用流动的清水冲洗除去硫化物，浸泡定色后的赤松茸，使菇体内硫化物的含量低于 0.05 克/千克。

（九）盐渍

将凉透沥水后的赤松茸放到浓度为 16%~18%的盐水中腌渍 3~4 天后捞起、沥干，再放入 22%的盐水内，腌渍 7 天，当缸内盐水浓度稳定在 20%左右时即可装桶。腌制时盐水应淹没菇体，并在菇体表面撒面盐护色防腐，上压竹片等重物，避光存放。也可以将赤松茸放入 15%的盐水中腌渍 4~5 天，盐水浓度增加到 25%以上后，继续腌制 5~7 天。需要注意的是，腌制时盐水应没过菇体，上压竹片等重物，并在表面撒面盐护色防腐。腌制 10 天左右应转 1 次缸，重新注入饱和盐水，压盖、表面撒面盐后即可装桶贮存和运输。

（十）调酸、装桶

在清洁的包装桶内衬塑料食品袋（防止桶破致盐水漏出），先加入少许用 0.4%~0.5%的柠檬酸溶液调节 pH 值为 3.0~3.5

的22%的盐水，以防向桶内倒菇时碰坏菇体。将腌渍好的赤松茸捞起，沥干盐水（滴水不成线即可）后称重，按塑料桶容积标准倒入腌渍好的赤松茸，再在桶内加入适量新配制的pH值为3.0~3.5、浓度为22%的盐水，密封袋口，压下内盖，使菇体淹没在液面下，再旋紧外盖，贴好标签，入库贮存或销售。

（十一）成品质量要求

菌盖为红褐色、菌柄为白色或灰白色；菌体坚挺且富有弹性、无软体；形态基本完整，无畸形，破碎率不超过1%；无老化根、杂质、异味、病虫害、腐烂变质。

（十二）盐渍菇的食用

食用时，盐渍菇可直接放入清水中浸泡脱盐或放入1%的柠檬酸溶液中浸泡脱盐，并用清水漂洗干净。盐渍菇保鲜期一般在3个月左右。

另外，也可将采收的鲜菇去除杂物后进行杀青，按50千克菇体加15千克食盐的比例加盐腌制，并将pH值调节至3.5左右，10天后翻缸1次。采用该方法，20天左右即可腌好装桶存放。另有报道开发了一种赤松茸盐渍加工方法，即将六七成熟的赤松茸清洗干净，放入5%的食盐沸水中杀青煮沸8~12分钟，煮制好后捞出，迅速放入冷水或流水中冷却至冷透为止。将冷却的赤松茸从水中捞出，放入40%的饱和盐水溶液中腌制，10天后要转1次缸，重新注入饱和盐水，压盖、撒面盐至缸内盐水浓度稳定在24波美度。采用该方法盐渍加工的赤松茸一般可保鲜3~4个月，菌盖的形状、色泽不变，食用味道较好，也使赤松茸的商品价格有所提高。

三、干品加工

干品加工就是将赤松茸鲜菇按一定的规格切片、烘干，降低菇品水分，以延长保质期的方法。传统的干燥方法一般是晒干和

热风干燥，但是晒干一般耗费时间比较长，赤松茸菇体含水量比较高，产品品质不容易控制，所以工业生产通常不选用该方法来处理整菇。热风干燥是现在应用比较广泛的一种方法，从工艺和成本来讲，符合我国国情和人民的消费水平。

热风干燥是利用热空气强制对流使物料表面水分蒸发从而达到干燥的目的，干制品一般水分要求控制在13%以下。其主要工艺为鲜菇的选择和清理、切片及装筛、烘干、成品及分装。

（一）鲜菇的选择和清理

赤松茸在采收前2天就应停止喷水以降低鲜菇水分。应选柄粗、盖肥、不开伞的鲜菇进行加工。采收后的菇体应先清理干净，去除菇脚的培养基和泥沙等杂物。

（二）切片及装筛

将清理干净的鲜菇切成厚度为0.5~0.6厘米的薄片。烘烤前，应先将烘干机或烘干房预热一段时间，使温度升高到45~50 ℃，待温度稍降低后再装筛，进行烘干。

（三）烘干

1. 烘烤预备期

不同天气采摘的鲜菇烘烤温度会略有不同，晴天采摘的菇烘制起始温度应调控在37~40 ℃，雨天采摘的菇则为33~35 ℃。菇体受热后，表面水分大量蒸发，此时应打开全部进气孔和排气孔，关闭回温孔，使水蒸气尽快排出，褶片固定，直立定型，确保菇片不变形、不卷边，色泽正常，防止鲜菇在含水量高的情况下因烘温过高、通风不良而造成“煮菇”现象。温度每小时升高1~2 ℃，逐步升高至40 ℃左右，烘干3~4小时。若此时温度骤然升高，会造成菇体组织失水太快，使鲜菇菌盖变形、菌褶倒叠、菌盖龟裂、颜色变黑，破坏酶的活性，使赤松茸失去原有的香味，降低其商品价值。

2. 烘烤中期

烘干 3~4 小时以后，将温度每小时升高 2 ℃左右，逐渐升高至50 ℃左右时，将进气孔和排气孔关闭 1/3，再继续烘干 3~4 小时，然后将温度逐渐升高为 50~60 ℃，进气孔和排气孔关闭 1/2，回温孔开启 1/2，相对湿度应调整在 10%左右，继续烘干 1~2 小时。若排湿过度，易使菇片色浅发白；若烘干的菇片带有水浸状的黄色，则说明排湿不好或者温度偏低。

3. 烘烤完成期

温度控制在 60~65 ℃，进、排气孔全部关闭，回温孔全部打开，使热空气上下循环，再继续烘干 1 小时，最高温度不能超过 65 ℃，否则易烧焦。用手指压按菌盖与菌柄交界处，若只呈现痕迹，则说明干燥合格；若手感发软，菌褶也发软，则还需继续烘干。干制完成后，用手轻折菇柄，菇柄易断，并发出清脆的响声。

(四) 成品及分装

一般 6.0~6.5 千克鲜菇可制成 0.5 千克干品。将干品按级别分装于塑料食品袋内，密封袋口，选择阴凉、通风、干燥、洁净的库房低温、避光保存。

另外，可采用机械烘干方法对赤松茸进行烘干，通过分级装筛后进行调温定型，并以 26 ℃烘温保持 4 小时，之后 6~8 小时内每小时升温 2~3 ℃，至 51 ℃时恒温，之后 6~8 小时缓慢升温至 60 ℃，烘至菇柄易断时即完成烘烤。以此方法可将 9 千克鲜菇加工成 1 千克干品。也可采用微波真空干燥方法对赤松茸进行加工，最佳干燥条件为微波功率 1 千瓦，真空度−90 千帕，装载量 150 克。该方法干燥时间更短，干品品质更佳，并能够降低生产成本。

另有报道指出，利用变温干燥方法对赤松茸进行干制，可以显著地去除其水分，为了明确不同干燥阶段干燥温度对赤松茸品质的影响，相关研究人员采用分段热风干燥方式，考察分析各段失水速率变化的差异性，以及不同温度干燥过程中赤松茸的感官特性和复水率等品质的变化，确定出了热风干燥阶段适宜的干燥节点及干燥工艺参数：30 ℃下干燥 2 小时、35 ℃下干燥 4 小时、40 ℃下干燥 5.5 小时、45 ℃下干燥 5.5 小时，所得到的赤松茸的感官性状和复水率等指标较优，色度与对照相比差异不显著，说明分度干燥过程中对产品亮度影响较小，为赤松茸的干制加工提供了一定的理论参考。

四、罐藏

最早的罐头是 18 世纪末于法国诞生的。罐藏与其他保藏方法相比，具有贮藏期长、便于运输、食用方便等特点。同时，食用菌的理化性质也决定了其适宜于进行罐藏。可将赤松茸鲜菇通过护色、分级、去菌脚、洗涤、切片、预煮、装罐、排气、杀菌、冷却等步骤，制成赤松茸盐水罐头，其成品菇片完整，无破碎，无脱柄，无脱盖，均匀一致，菇体呈白色，菌膜呈浅棕色，菌褶呈浅灰色，汤汁呈浅灰色、清澈透明。另外，也可经过鲜菇验收、100 ℃预煮、冷却漂洗、分拣装盒、加入汤汁、微波杀菌、封口等步骤制成赤松茸软罐头，与传统罐头制品相比，其特点在于体积小，便于携带、开启，杀菌过程效率高、耗时短，并最大限度地保留了赤松茸的营养成分和独特风味。

五、调味料

除了盐渍、干制和罐藏外，调味料的加工也是食用菌的加工方向之一。赤松茸被证实富含各类营养和抗氧化成分，具有预防心脏病、高血糖、癌性腹水等作用，同时其含有丰富的氨基酸、核苷酸、有机酸、可溶性糖等，是理想的功能型调味料的加工原料。

目前，食用菌调味料可通过喷雾干燥、溶剂提取、蒸馏等方式获得，也可直接粉碎后复合到其他调味料中。调味料加工中使赤松茸的呈味成分分散溶解是加工的关键，食用菌的挥发性风味成分则是其呈味的关键因素。

湖北省农业科学院的卢琪副研究员团队基于热加工（70 ℃、90 ℃）和非热加工（室温、超声、均质和超高压），对比了各工艺对不同粒径赤松茸水提液风味品质的影响。他们将新鲜的赤松茸，采收后清洗、切片，然后用 45 ℃ 热泵干燥 12 小时，经粉碎机粗粉过 80 目筛后分别进行超微粉碎 10 分钟和 30 分钟，进一步对过筛及超微粉碎后的菇粉进行粒径检测，发现对应的菇粉粒径分别为 181.25±1.46 微克、36.63±0.45 微克和 7.06±0.08 微克。然后，将上述不同粒径的菇粉分别采用热加工和非热加工的手段制备赤松茸水提液。先在 1.0 克菇粉中加入 30 毫升蒸馏水，浸泡 0.5 小时，然后进行以下处理：①热处理，将菇粉和蒸馏水的混合物置于磁力搅拌器上以 700 转/分的速度搅拌 1 小时，温度设置为 70 ℃和 90 ℃，处理结束后样品立即用冷水冷却；②超声处理（UT），将菇粉和蒸馏水的混合物置于超声清洗仪上，在 40 千赫下于室温下提取 1 小时；③均质（HG），将混合物置于均质机中，采用 18 000 转/分的转速，在室温下处理 3 分钟，处理两次；④超高压处理（HHP），将菇粉和蒸馏水的混合物置于超高压装置内，在室温条件下，500 兆帕保持 10 分钟；⑤室温（RT），在 700 转/分的速度下搅拌 1 小时。

采用气相色谱-质谱联用仪和电子鼻对赤松茸水提液进行挥发性成分对比研究的结果表明，未经超微粉碎的菇粉风味最浓郁，对应的加工工艺排序为：超声>超高压>室温>均质>70 ℃>90 ℃，其中前四种为非热加工工艺，后两种为热加工工艺。18 种赤松茸水提液中共鉴定出 47 种挥发性成分，其中己醇、1-辛烯-3-醇和己醛是主要挥发性成分，三者之和占总挥发性成分的

75.02%~95.70%。热加工赤松茸水提液中挥发性成分总峰面积为（819.96~4 727.72）$\times 10^6$；而非热加工挥发性成分总峰面积为（4 063.37~8 772.13）$\times 10^6$，风味更加浓郁。加工方法和粒径均对赤松茸水提液的抗氧化能力有显著影响（$P<0.001$），热加工结合超微粉碎降低了赤松茸水提液的自由基清除能力，但提升了其铁离子还原能力，为赤松茸在调味料市场的精深加工提供了参考。

第二节　赤松茸提取物的制备与应用

一、赤松茸多糖的制备

多糖是赤松茸的主要生物活性成分，具有免疫调节、抗氧化、抗肿瘤、护肝、降血糖活性及保护胃肠道等多种生理功能，经提取后可用作功能性食品。

福建省农业科学院农业工程技术研究所（2023 年更名为福建省农业科学院农产品加工研究所）翁敏劼团队将赤松茸子实体经热水浸提，谢瓦格抽提法（Sevage 法）除蛋白，离心取上清液，旋转蒸发浓缩，75%乙醇沉淀，离心取沉淀，冷冻干燥后得到粗多糖。采用 Box-Behnken 这一统计学实验设计方法，对影响赤松茸多糖提取的主要因素浸提温度、浸提时间和料液比的最佳水平范围及其交互作用进行研究，根据实验数据分析，建立了影响多糖提取的二次多项式数学模型，得出赤松茸多糖提取的最佳工艺条件：提取温度为 73.8 ℃，提取时间为 22.7 分钟，料液比为 1∶26.2（克/毫升）。此时多糖理论得率最大为 7.637%。采用 Sevage 法除蛋白，并对参数进行了优化，得出 Sevage 法除蛋白的处理条件：Sevage 试剂为 7.5 毫升，震荡时间为 15 分钟，离心速度为 4 000 转/分，离心时间为 3 分钟。经脱蛋白处理，1 毫克/毫升的多糖溶液中蛋白浓度为 24 微克/毫升，多糖浓度为 544 微克/毫升。

福建省农业科学院农业工程技术研究所陈君琛研究员团队采用响应面法优化了赤松茸粗多糖提取工艺。以提取温度、提取时间及料液比作为影响赤松茸粗多糖得率的因素，通过单因素试验选取因素与水平，根据 Box-Benhnken 中心组合试验设计原理，在单因素试验的基础上采用三因素三水平响应面分析法，依据回归分析确定各工艺条件的主要影响因素。结果得出了赤松茸粗多糖水浸提的最佳工艺条件：提取温度为 75 ℃，提取时间为 20 分钟，料液比为 1 ∶ 25（克/毫升），在此条件下，赤松茸粗多糖的得率达到 7.614%。

南阳师范学院杜敏华教授团队通过正交试验研究了超声波提取赤松茸多糖的工艺条件。研究认为，使用煎煮、渗漉、索氏法、回流法、大孔吸附树脂法和超临界萃取法都可以对赤松茸粗多糖进行提取，但由于索氏法和回流法提取时间长、耗费溶剂量大，超临界萃取法主要用于萃取低极性的小分子化合物而不适合直接萃取高极性的化合物，大孔吸附树脂法比较烦琐，从节约时间、成本和可行性角度出发，通过预试验比较了煎煮、渗漉、回流、超声波辅助提取赤松茸粗多糖的提取效果，结果显示超声波提取的效果最好。超声波提取多糖具有高效、节能、省时的特点。超声波空化产生的极大压力可以造成被破碎物细胞壁及整个生物体的破裂，该过程在瞬间完成；同时超声波产生的振动作用可以加快胞内物质的释放、扩散及溶解，提高提取收率。试验结果表明，超声波提取赤松茸多糖的最佳提取工艺条件为：提取温度为 65 ℃，提取时间为 1.0 小时，超声波功率为 600 瓦，料液比为 1 ∶ 35（克/毫升）。在此条件下，赤松茸多糖的得率为 8.16%。应用化学发光法对赤松茸粗多糖清除羟基自由基和超氧阴离子自由基的能力进行了研究，结果表明：赤松茸粗多糖对羟基自由基和超氧阴离子自由基均具有明显的清除能力，清除超氧阴离子自由基的 IC_{50} 为 108.60 微克/毫升，清除羟基自由基的 IC_{50} 为 345.98 微克/毫升，赤松茸粗多糖对超氧阴离子自由基的清除能力是对羟基自由基的清除能力的 3.2 倍。

运城学院王红高级实验师团队探讨了赤松茸多糖碱法提取的最佳工艺条件，采用 100 目菇粉碱液浸提方法，进行了碱液浓度、液料比、温度和提取时间的单因素试验和四因素三水平的正交试验，用硫酸苯酚方法测定了所提取的多糖并计算了得率。结果表明，4 种因素对赤松茸多糖提取的影响程度强弱顺序为：pH 值的影响最大，时间次之，温度再次之，料液比的影响最小。pH 值为 9.0、提取时间为 60 分钟、温度为 80 ℃、料液比为 1∶60（克/毫升）的组合是赤松茸多糖提取的最佳条件，在此条件下赤松茸多糖的提取收率最高达 8.12%。

湖北省农业科学院卢琪副研究员团队采用热水浸提法、超声辅助提取法和均质辅助提取法处理了不同粒径的赤松茸粉，获得了各种赤松茸多糖粗提物。①热水浸提法：往 10 克菇粉中加入 300 毫升蒸馏水，浸泡 2 小时后，煮沸 2 小时，离心，取上清液。往残渣中加入蒸馏水，重复上述操作共提取 2 次，合并两次提取上清液，旋转蒸发浓缩至 100 毫升，再加入 400 毫升无水乙醇，4 ℃过夜，沉淀多糖。离心，弃上清液，收集沉淀物进行冷冻干燥。②超声辅助提取法：往 10 克菇粉中加入 300 毫升蒸馏水，浸泡 2 小时后，300 瓦超声处理 1 小时，离心，取上清液。往残渣中加入蒸馏水，重复上述操作共提取 2 次，合并两次提取上清液。剩下的步骤参照热水浸提法，用乙醇沉淀多糖。③均质辅助提取法：往 10 克菇粉中加入 300 毫升蒸馏水，浸泡 2 小时后，置于均质机中，采用 18 000 转/分室温均质 3 分钟，间断 5 分钟，再用 18 000 转/分室温均质 3 分钟，离心，取上清液。往残渣中加入蒸馏水，重复上述操作共提取 2 次，合并两次提取上清液。剩下的步骤参照热水浸提法，用乙醇沉淀多糖。结果表明，菇粉粒径越小，热水浸提法的多糖提取率越高，最高达 10.70%，超声辅助提取法和均质辅助提取法的多糖提取率与菇粉粒径无关。粒径最小的菇粉提取的粗多糖分子质量最小，而相同粒径条件下，使用热水浸提法获得的多糖分子质量均小于使用超声辅助提取法和均质辅助提取法获得的。不同处理方法对赤松茸粗多糖的化学结构无影响，均保留了多糖经典结构。虽然热水浸提赤松茸的提取率最高，但相同浓度下其各种抗氧化性能无优越性，而超声提取的多糖，其清除 DPPH 和 ABTS［2，2-联氮-二（3-乙基-苯并噻唑-6-磺酸）二铵盐］自由基的 IC_{50} 值较低，具有较好的抗氧化活性。

宜兴市好禧虫草专业合作社钱春强团队用水浴碱提法提取了赤松茸多糖，通过单因素和正交实验设计对多糖提取的影响因素（提取温度、碱液浓度、时间）进行了分析，优化了多糖提取工艺并对提取的多糖进行了抗氧化活性测定。结果表明，提取温度可显著影响多糖的得率，最佳工艺条件为：提取温度为 85 ℃，碱液浓度为 0.03 摩尔/升，时间为 2 小时。赤松茸碱性多糖具有较强的抗氧化能力，对在最佳工艺条件下得到的赤松茸碱性多糖进行活性氧自由基清除研究，发现多糖浓度在 0.8 毫克/毫升时，对氧自由基的清除率可达到 80.12%。

南阳师范学院庞振凌教授团队对赤松茸多糖发酵工艺进行了研究，结果表明 pH 值对赤松茸菌丝体生长和多糖的产生与积累有明显的影响，最适 pH 值为 5.0~5.5。正交优化试验确定的赤松茸菌丝体发酵生产多糖最佳培养基成分为：葡萄糖 3%、玉米粉 3%、蛋白胨 0.3%、麸皮 5%、磷酸二氢钾（KH_2PO_4）0.1%、七水硫酸镁（$MgSO_4 \cdot 7H_2O$）0.05%、硫酸铵［$(NH_4)_2SO_4$］0.2%，pH 值 5.5。赤松茸多糖含量达 13.58 克/升。

江苏农牧科技职业学院王米雪团队采用中心组合设计（Box-Benhnken设计）研究了赤松茸发酵菌丝体提取多糖的最佳工艺条件，对其提取工艺进行了优化，对结构进行了初步表征。结果表明，最佳工艺条件为：料液比为1∶26（克/毫升），提取温度为82 ℃，提取时间为3.5小时。在此条件下赤松茸菌丝体多糖提取量为15.12%。

河南省科学院谢晓阳团队以赤松茸子实体多糖的DPPH自由基清除率为响应值，结合单因素试验通过Box-Benhnken设计优化了赤松茸子实体多糖发酵工艺。结果表明，通过响应面优化试验，得到了液态发酵的最优条件：发酵时间为60小时，接种量为3%，初始pH值为4.0，发酵温度为25 ℃。在此最佳工艺条件下，赤松茸子实体多糖的DPPH清除率为89.66%。试验结果表明，赤松茸子实体多糖发酵后具有较强的抗氧化活性。

二、赤松茸蛋白的制备

目前国内外关于菌菇蛋白质的提取方法有碱法、超声波提取法和超声波辅助提取法等。超声波辅助提取法短时高效，作用于样品细胞壁，可增加组织的多孔性和渗透性，使蛋白易溶出。

北京农业职业学院崔晓瑞团队以赤松茸为原料，开展了碱法提取蛋白的研究。以水为提取剂，在pH值为12，料液比为1∶30（克/毫升），浸提时间为60分钟，浸提温度为45 ℃的条件下蛋白提取率预测值为37.87%，实际验证蛋白提取率为（37.54±0.24)%，赤松茸蛋白的等电点为4.2。然后又在碱法提取蛋白质的基础上，开展了超声波辅助碱法提取的研究。以赤松茸细粉为原料，研究超声波功率、时间及温度对响应值的影响，确定超声波辅助碱法提取的最佳工艺条件和热稳定性。该方法以烘干赤松茸粉为原料，在pH值为12、料液比为1∶30（克/毫升）碱法提取的基础上，进行超声波辅助处理，研究超声功率、时间及温度等因素对赤松茸蛋白质提取率的影响。采用差示扫描量热法（differential scanning calorimetry，DSC）测定了所提取的蛋白的热稳定性。结果表明，使用超声波辅助碱法提取赤松茸蛋白质的最佳条件为：超声功率为 140 瓦，超声温度为 40 ℃，超声时间为 20 分钟，3 次重复验证蛋白质提取率为（42.14±0.47）%，与预测值之间差异不显著（$p>0.05$）。超声条件对蛋白提取率的作用为：功率>时间>温度。蛋白质的等电点为 4.2，变性温度（denaturation temperature）为 63.14 ℃，热焓 ΔH 为 1.701 焦/克。表明超声波辅助碱法是提取赤松茸蛋白的一种有效方法，提取的蛋白质具有一定的热稳定性和抗氧化特性。

三、赤松茸酚类物质的制备

多酚类物质主要包括酚酸、类黄酮、花色苷类等，广泛存在于植物、食用菌中。多酚结构多样，具有抗氧化、抗病毒、抗菌等药理活性。乙醇作为一种常用的绿色溶剂，已被广泛应用于天然产物中多酚的提取。超声处理常用于食品加工领域，是一种绿色无污染的辅助提取技术，具有耗时短和效率高的优点。采用超声处理辅助乙醇提取赤松茸多酚的方法具有良好的应用潜力。

福建农林大学黄珊团队以赤松茸干品为原料研究了溶剂提取赤松茸酚类物质的最佳工艺。结果表明，用乙醇提取法提取赤松茸酚类物质的最佳工艺参数为：30%的乙醇-水混合溶液以 1∶20（克/毫升）的料液比，在 70 ℃水浴中浸提 1 次，每次处理 1 小时，赤松茸酚类物质的得率为 11%。用超声波提取法提取赤松茸酚类物质的最佳工艺参数为：30%的乙醇-水混合溶液以 1∶20（克/毫升）的料液比，提取时间为 6 分钟，提取温度为 60 ℃，提取功率为 240 瓦。以此条件进行提取，赤松茸酚类物质的得率为 6.71%。用微波法提取赤松茸酚类物质的最佳工艺参数为：以 1∶20（克/毫升）的料液比，加入 35%的乙醇-水混合溶液，在

640瓦的微波功率下提取2.5分钟。以此条件进行提取，赤松茸酚类物质的得率为5.319%。以维生素C为对照，采用试剂盒测定法研究赤松茸酚类物质对·OH和·O^{2-}的清除作用。结果显示：赤松茸酚类物质对·OH自由基和·O^{2-}自由基具有一定的清除能力，且比维生素C的清除能力强。同时，对赤松茸酚类物质总抗氧化能力进行了初步研究，结果显示，赤松茸酚类物质具有一定的抗氧化活性。

桐庐县林业技术推广中心胡德胜团队以林下栽培的赤松茸为试验原料，考察了提取工艺中超声温度、乙醇体积分数、超声时间对赤松茸子实体多酚提取量的影响。在单因素试验的基础上，进行了三因素三水平的Box-Benhnken试验，利用Design Expert（实验设计专家）8.05软件进行了响应面分析，对赤松茸子实体多酚的提取工艺进行了优化。响应面法优化结果表明，在超声时间为39.3分钟，乙醇体积分数为64.68%，超声温度为53.1℃的条件下，赤松茸子实体多酚的提取效率最佳，在该提取条件下，多酚的提取量达到16.59毫克/克。

福建省农业科学院农业工程技术研究所陈君琛研究员团队探讨了赤松茸黄酮类化合物提取工艺，通过正交试验确定了赤松茸黄酮类化合物的优化提取工艺条件，并采用赤松茸黄酮类化合物对大肠杆菌、青霉菌、啤酒酵母进行抑菌试验，结果表明，优化后的提取工艺为：乙醇体积分数为95%，料液比为1∶90（克/毫升），温度为60℃，时间为120分钟。在此条件下提取率为7.94%。浓度为40克/升的赤松茸黄酮类化合物溶液对大肠杆菌和青霉菌有抑制作用；浓度为20克/升和10克/升的赤松茸黄酮类化合物溶液只对大肠杆菌有抑制作用，对青霉菌没有抑制作用；赤松茸黄酮类化合物在浓度10~40克/升时对啤酒酵母没有抑制作用，对大肠杆菌的抑制作用要强于对青霉菌的抑制作用。

福建农业职业技术学院陈婵团队通过单因素和正交试验，得到了超声波辅助提取赤松茸总黄酮的最佳工艺条件：乙醇浓度为30%，超声功率为120瓦，料液比为1∶15（克/毫升），时间为1小时。在此条件下提取率为1.138%，表明赤松茸中含有丰富的总黄酮。

第三节　赤松茸食品的研究与应用

一、饮品

饮品即饮料，是指经加工制成的供人或牲畜饮用的液体，尤指用来解渴、提供营养或提神的液体。由于赤松茸中具有多糖、蛋白质、牛磺酸等成分，故赤松茸适于做酒精饮料、发酵饮料、蛋白饮料等的原料。

（一）保健酒

南阳理工学院李杰副教授团队对赤松茸保健酒发酵工艺进行了研究，通过均匀设计试验并结合BP神经网络（一种神经网络模型）对赤松茸保健酒的发酵条件进行了优化，结果显示最优发酵条件为：接种量为11%，pH值为3.8，白砂糖添加量为288克/升，料液比为1∶35（克/毫升），发酵天数为7天。在此条件下发酵的赤松茸保健酒质量最好，发酵酒液呈微黄色，澄清透明，具有赤松茸独特的香气，口感清新淡雅。发酵前先将赤松茸用0.1%的高锰酸钾溶液浸泡20分钟，然后用清水洗涤干净。将洗净的赤松茸切片，每片2~3厘米，加适量自来水打成浆汁，浆汁经真空抽滤、离心除去菇渣得到澄清菇液。赤松茸澄清汁在65℃下灭菌30分钟后备用。赤松茸原料预处理好之后，加入安琪活性酿酒干酵母（最适发酵温度为25℃）进行发酵。生产工艺流程为：赤松茸→清洗→切片→打浆→抽汁→灭菌→过滤→调糖→调 pH 值→发酵→陈酿→过滤→灭菌→装瓶。

史岩军用赤松茸、低聚糖、酒曲按一定比例，通过原料的处理、抽汁、灭菌、过滤、调糖、发酵、煎酒、陈化、沉降、勾兑等工序制成赤松茸保健酒，具有特殊风味，富含氨基酸、微量元素、水溶性维生素、多糖、生物胺等营养成分。

河南省科学院景炳年副研究员团队开发了一种赤松茸酒，方法是按照干赤松茸 10~20 克、菊花 30~60 克、枸杞 35~70 克和红枣 20~40 克的原料配比称重、清洗；称量后先将干赤松茸切段、红枣去核切片，然后将各种原料混合，加入各种原料总重量 15~20 倍的水进行加热，加热至沸腾，然后保持微沸状态下煎煮 1.5~2 小时；煎煮后采用四层纱布进行过滤，所得滤液在 1~5 ℃条件下静置 12~24 小时，所得滤液在 5 000 转/分的条件下离心 15 分钟，离心后吸取上清液，将上清液浓缩至相对密度为 1.1~1.2，得到赤松茸混合提取液；向赤松茸混合提取液中加入优质纯高粱酒并充分搅拌、静置冷藏，然后离心，吸取上清液；上清液中加入蜂蜜和柠檬酸调味、搅匀，得到赤松茸酒半成品；将赤松茸酒半成品高温杀菌，杀菌后采用紫外线对灌装瓶进行消毒，最后进行无菌冷灌装，得到产品赤松茸酒。该团队制备的赤松茸酒营养丰富，色泽金黄、鲜亮，口感醇正，具有独特的清香，同时具有一定的保健作用。

（二）发酵饮料

黄平县阿仙萝综合开发有限公司杨悉雯团队将苹果汁、赤松茸汁、枸杞汁、山楂汁、白酒、蜂蜜、白糖等混合并经醋酸菌发酵，制成了赤松茸醋，其口味较好，营养丰富，风味突出，用料成本低，且具有改善疲劳、美容养颜等功效。

河南省科学院谢晓阳团队开发了一种赤松茸复合发酵功能饮品，方法是以赤松茸子实体为主料、刺酸梨子（即刺梨）果为辅料，将赤松茸子实体切碎打粉，得到赤松茸子实体粉料；将辅料刺酸梨子果清洗、榨汁，得到刺酸梨子果汁；将刺酸梨子果汁与 LM 培养基（普通培养基混合乳酸细菌培养基）混匀，得到混合液；将赤松茸子实体粉料加入混合液中混匀、灭菌，灭菌后冷却至室温待用；向灭菌后所得混合液中加入酵母菌液和紫红曲霉菌液进行发酵，得到发酵液；向发酵液中再加入植物乳杆菌液并进行发酵，离心过滤得到上清液，所得上清液即为赤松茸复合发酵功能饮品。该饮品抗氧化活性高、口感好。

（三）蛋白饮料

黄平县阿仙萝综合开发有限公司李小英团队以氢氧化钠溶液提取了赤松茸蛋白，采用碱性蛋白酶进行酶解，并加入由柠檬酸、绵白糖、稳定剂等制成的糖浆及乳粉，制得的赤松茸含乳饮料，具有保健养生、改善疲劳、美容养颜等功能。

（四）果汁复合饮料

山东农业大学张昊团队以赤松茸为原料，研究了 pH 值、酶添加量、酶解时间和酶解温度对赤松茸水解的影响，采用单因素实验和响应面实验进行了酶解工艺优化，再将焦山楂汁、蔗糖、氯化钠及酶解液调配成饮料。结果表明，最佳工艺为：pH 值为 4.4，酶添加量为 1 590 酶活力单位/克，酶解时间为 2.8 小时，酶解温度为 44 ℃，配料的添加量为焦山楂汁 12%、蔗糖 7%、氯化钠 0.07%。该工艺下得到的赤松茸山楂复合饮料较大程度地保留了赤松茸的营养，兼具山楂的焦香气味，为赤松茸的高价值利用及附加产品的开发提供了新的思路。

河南省科学院魏磊副研究员团队开发了两种赤松茸风味饮品。一种是将干赤松茸清洗剪碎，加入 15～20 倍的水，加热煎煮至沸腾，然后保持微沸状态 1.5～2 小时，煎煮后进行过滤；所得滤液在 4 ℃下静置 2 小时，然后在 5 000 转/分条件下离心 15 分钟，离心后所得滤液浓缩至原加水量的 1/3～1/2，最后采用纯净水定容至原料重量的10倍体积，得到赤松茸提取液。另一种是按干赤松茸10~20克、灵芝5~10克、黄芪5~10克、枸杞20~40克和红枣20~40克进行配比称重，然后依次进行清洗、剪碎、混合，接着加入所有原料总重量15~20倍的水进行加热，加热至沸腾；然后在微沸状态下煎煮1.5~2小时，煎煮后进行过滤，所得滤液在4 ℃下静置2小时；然后在5 000转/分条件下离心15分钟，将离心后所得滤液浓缩至原加水量的1/3~1/2；最后用纯净水定容至原料总重量的10倍体积，得到赤松茸混合提取液。上述赤松茸提取液和混合提取液分别加热到40~60 ℃，再依次加入一定比例的防腐剂、甜菊糖、赤藓糖醇、食盐、柠檬酸、柠檬酸钠、食用香精和增稠剂，搅拌均匀，得到饮品半成品；然后进行高温杀菌，杀菌温度为120 ℃、杀菌时间为10秒，然后在20~25 ℃条件下无菌冷灌装，灌装前先采用紫外线对灌装瓶进行消毒，灌装后得到两种赤松茸风味饮品。该饮品营养丰富，抗氧化活性较好。

（五）液体酵素产品

赤松茸液体酵素产品含有丰富的酶类、维生素、矿物质及多种生物活性成分，不仅可以促进机体正常的新陈代谢、延缓衰老、提供养分、修复细胞、净化血液，还能增强消化功能和营养物质吸收功效，在预防人类疾病方面具有重要意义。

三峡大学梅子龙团队以赤松茸为主要原料，采用自然发酵、酵母菌—德氏乳杆菌保加利亚亚种—嗜热链球菌先后顺序接种发酵、酵母菌—长双歧杆菌—嗜热链球菌先后顺序接种发酵3种工艺制备赤松茸酵素，并对酵素产品的清除自由基能力（3种）、蛋白酶、纤维素酶、脂肪酶、淀粉酶和有机酸等指标进行研究。

3种发酵方式：以赤松茸为主要原料，分别采用自然发酵（1号罐）、酵母菌—德氏乳杆菌保加利亚亚种—嗜热链球菌先后顺序接种发酵（2号罐）、酵母菌—长双歧杆菌—嗜热链球菌先后顺序接种发酵（3号罐）3种工艺制备赤松茸酵素，总时间为110天。

1号自然发酵（1号罐）的主要流程：赤松茸原料→清洗、消毒→晾干、切片→装桶、压紧→加白糖→常温发酵（110天）→酵素→过滤→装瓶→成品。

2号接种发酵（2号罐）的主要流程：赤松茸原料→清洗、消毒→晾干、切片→装桶、压紧→加白糖→植入酵母菌→常温发酵（50天）→植入德氏乳杆菌保加利亚亚种→45 ℃发酵（30天）→植入嗜热链球菌→47 ℃发酵（30天）→酵素→过滤→装瓶→成品。

3号接种发酵（3号罐）的主要流程：赤松茸原料→清洗、消毒→晾干、切片→装桶、压紧→加白糖→植入酵母菌→常温发酵（50天）→植入长双歧杆菌→40 ℃发酵（30天）→植入嗜热链球菌→47 ℃发酵（30天）→酵素→过滤→装瓶→成品。

结果表明，不同发酵工艺制得的赤松茸酵素均有较强的抗氧化性，人工接种工艺发酵制备的酵素工艺更加稳定，清除DPPH自由基和超氧阴离子的能力要强于自然发酵，清除自由基总能力高；人工接种发酵的脂肪酶和淀粉酶的活力分别提高了100%和85%，并且丰富了酵素中有机酸的种类，但人工接种发酵制备的酵素中蛋白酶和纤维素酶的活力及总酸和乳酸的含量低于自然发酵。

二、赤松茸脆片

以赤松茸为主要原料研制开发的健康休闲食物——赤松茸脆片，既符合现今我国赤松茸生产加工行业的发展及市场需要，又能满足现代社会对于饮食营养的需求。不仅如此，赤松茸脆片还兼具口感酥脆、营养丰富的特点，可以根据不同年龄阶段人群的口味需求研制不同类型的产品。

黄冈师范学院韩骞团队选用新鲜的赤松茸作为试验对象，根据不同的预处理方式将赤松茸分为横切漂烫组、横切漂烫护色组、纵切漂烫组、纵切漂烫护色组，再利用真空冷冻干燥工艺将其制成即食脆片。工艺流程：原料选择→清水洗净→前处理→沥干并腌制→预冻→真空冷冻干燥→包装成品。

预处理方法：①横切漂烫。按横切（即与赤松茸生长方向垂直）的方式，将赤松茸切为 6~7 毫米的薄片，放入沸水中预煮 2 分钟，快速冷却后，放入调味液中腌制 1 小时。②横切漂烫护色。按横切的方式，将赤松茸切为 6~7 毫米的薄片，放入沸水中预煮 2 分钟，快速冷却后放入护色液中护色 1 小时，然后放入调味液中腌制 1 小时。③纵切漂烫。按纵切（即与赤松茸生长方向平行）的方式，将赤松茸切为 6~7 毫米的薄片，放入沸水中预煮 2 分钟，快速冷却后，放入调味液中腌制 1 小时。④纵切漂烫护色。按纵切的方式，将赤松茸切为 6~7 毫米的薄片，放入沸水中预煮 2 分钟，快速冷却后放入护色液中护色 1 小时，然后放入调味液中腌制 1 小时。

其中：护色液为含有质量分数为 0.2%的柠檬酸、0.3%的维生素 C、1%的氯化钠和 0.15%的乙二胺四乙酸二钠（EDTA-2Na）的溶液；调味液为含有质量分数为 0.8%的味精、0.8%的糖、0.8%的五香粉和 1%的食盐的溶液。

将预处理后的赤松茸菇片按 1∶3（克/毫升）放入调味液中腌制 1 小时，将腌制处理后的菇片放入冰箱预冻，然后用真空冷冻干燥机进行真空冷冻干燥。条件：预冻温度为-20 ℃，预冻时间为 12 小时；干燥温度为-56 ℃，干燥时间为 24 小时。通过对赤松茸脆片色泽、含水量、复水比、质构特性、感官品质等指标的测定，比较上述四种不同的预处理方式（横切漂烫、横切漂烫护色、纵切漂烫和纵切漂烫护色）对冷冻干燥赤松茸脆片品质的影响。结果表明：切片厚度 6~7 毫米，预冻 12 小时，真空冷冻

24小时，横切漂烫护色组处理的赤松茸脆片含水量最低（5.8%），复水比最大（194.7%），色泽最好，硬度最小，感官评价最好，为赤松茸脆片在冻干前处理环节参数优化及新型食用菌脆片的开发提供了参考。

史岩军还开发了一种蒜蓉味赤松茸脆片，以赤松茸、大蒜、糯米粉、水、调味料按一定的重量比，通过原料处理、成型、均衡水分、膨化、入味等步骤制备而成。该发明加工出来的赤松茸脆片产品具有较好的松脆口感以及浓郁的赤松茸和蒜蓉风味，保持了赤松茸的营养成分，且操作简便快捷。该发明还克服了油炸膨化产品含油量高的缺点，实现了赤松茸脆片的快速非油炸膨化。

三、赤松茸菇粉

华中农业大学胡思团队以赤松茸为原料，对热风干燥制作赤松茸粉的加工工艺和护色剂的护色效果进行了研究。结果表明，热风干燥前，对赤松茸进行护色处理可提高干制菇片的色泽，复合护色液的最佳配方为亚硫酸钠0.1%、柠檬酸0.3%。干燥温度、菌菇切片厚度和装载量对赤松茸粉的色泽有显著影响，其中干燥温度对色度的影响最为显著。赤松茸粉制备的最佳工艺条件为：干燥温度为50 ℃，切片厚度为4毫米，装载量为2千克/米^2，干燥时间为8小时。按此工艺生产的赤松茸粉的色泽接近冷冻干燥粉，且具有较好的功能特性。

同时，通过响应面试验设计优化了赤松茸方便汤料的最佳工艺，配方为：赤松茸粉添加量为14%，植脂末添加量为25%，食盐添加量为5%，鲜味剂添加量为1%，麦芽糊精添加量为9%。该配方制备的汤料复水性、分散性、稳定性和溶解性较好。利用气相色谱-质谱仪检测到赤松茸方便汤料中共有37种挥发性风味成分。

四、其他食品

赤松茸除上述几种加工方法外，还可开发多种新食品。

张路将赤松茸热水提取液及蔗糖、花椒、胡椒、八角、桂皮、姜等辅料加入酿造酱油中加热，过滤，加入防腐剂，制得了赤松茸酱油。该工艺易掌控，能够规模化生产，可以满足市场的需求，而且产品味道鲜美，能促进食欲，制作简单，具有赤松茸的保健功能。

周俏开发了一种酱制赤松茸，主要包括原料处理、干菇制备、油炸、调味酱料制备、酱渍、包装等工艺步骤。该产品咸辣适口，香味浓郁，携带方便，适宜外出旅行和野外作业时携带和食用。

安徽师范大学柯丽霞教授团队研制了一种赤松茸食用菌风味豆渣食品原料，以豆渣为培养基，将赤松茸菌种接种于其上。经过赤松茸食用菌发酵后的豆渣，氨基酸、粗蛋白、总糖、膳食性纤维以及异黄酮等含量有较大改变，特别是粗蛋白得到了降解转化，成品风味及香味都有很大改善，且具有更高的营养保健价值。

黑龙江省农业科学院孙兴荣团队以赤松茸为原料，经切片、护色、硬化、调味、杀菌等工艺，研制出酸甜可口、菇味浓郁的赤松茸软罐头，并对加工过程中罐头汤汁的配料用量进行了优化。结果表明：汤汁的最佳配方为白糖40%，白醋30%，柠檬酸0. 5%，食盐2. 2%；罐头的最适杀菌条件为100 ℃、20分钟。

赤松茸作为联合国粮食及农业组织向发展中国家推荐栽培的食用菌，近年来受到国内外广大科技人员的广泛关注。赤松茸不但色艳味鲜，营养丰富，且含有多种生物活性成分，具有抗氧化、降血糖、抗菌、抗肿瘤、缓解疲劳、抑制破骨细胞形成、抑制胡萝卜素毒性、抑制内质网应激并预防阿尔茨海默病等功能，具有开发各种功能性食品的巨大潜力。目前，以赤松茸为主要原料的产品开发较多，种类也较丰富，能够基本满足目前我国市场的需求。但利用赤松茸开发的功能性食品报道较少，现有产品难以突出赤松茸的功能性，特别是近年来国外将酶辅助提取、脉冲电场、超声波、微波和超临界流体萃取等方法用于从食用菌中提取功能成分。所以，赤松茸的相关产品仍待进一步研究开发。

第七章　赤松茸产业发展前景

第一节　赤松茸内销及出口

近年来，随着人们对赤松茸认可度的提高，全国各地一线城市呈现供不应求的局面。在北京、上海、山东和江苏等经济发达地区，赤松茸鲜品常年均价在 20 元/千克上下。在四川、贵州、黑龙江、陕西、江西、河北等主产区，赤松茸价格在 10 元/千克上下徘徊，相比传统的平菇、香菇，价格水平较高。以 2023 年 5 月全国各地赤松茸的价格为例，北京市的赤松茸鲜品价格为 30 元/千克；湖南、四川、黑龙江、辽宁鲜品价格在 14~20 元/千克；江苏的赤松茸鲜品价格为 9 元/千克；根据云南省批发市场报价，赤松茸速冻品价格为 18 元/千克；此外，根据安徽省基地市场报价，鲜品价格为 24 元/千克，干品价格为 120 元/千克。总体来看，赤松茸在西南片区市场接受度还较低，东部发达地区应该是赤松茸消费的重点区域，中原及东北地区对赤松茸接受较快。

赤松茸作为国际菇类市场上十大菇类之一，在国际市场上很畅销，尤其在欧美市场更是供不应求，日本、韩国等国需求量也很大，处于有价无货状态。2018 年我国赤松茸出口量为 3 000 吨，一级赤松茸价格为 1.4 万美元/吨，次菇为 1 万美元/吨，通货价格也达到了 8 000 美元/吨。多出口到美国、加拿大、法国、意大利、德国、西班牙等欧美发达国家。

第二节　赤松茸产业发展优势及前景分析

一、符合国家产业扶持政策

近年来，国家对于秸秆焚烧造成的环境危害和资源浪费问题非常关注。截至 2022 年底，中央财政已累计投入 140.5 亿元用于推进 1 736 个县秸秆综合利用工作。2023 年中央财政又下达了 314 亿元的农业资源及生态保护补助资金，其中一部分资金将专门用于支持农作物秸秆的综合利用工作，以推动秸秆资源的高效利用和循环利用。这为利用秸秆栽培生产草腐食用菌产业化规模的发展，提供了巨大的机遇。

赤松茸是一种主要利用农业废弃物如作物秸秆、玉米芯和稻壳等进行栽培的食用菌，原料来源丰富，每栽培 667 平方米可消耗 10 吨以上秸秆。同时，菌床上的菌糠还可以作为肥料直接回田，促进土壤肥力的培肥和改良，在稻田里栽培赤松茸，菌渣还田后，表层土有机质含量为（3.163±0.047 3）%，而未种时土壤有机质含量为（1.803±0.064 4）%。林下种植赤松茸后的菌渣还林，6 个月后土壤有机质含量增加了 21.36%。因此，发展赤松茸产业是回收秸秆和实施循环农业的最佳途径之一，也是保护耕地、促进农业可持续发展的重要手段。特别是东北地区作为我国主要粮食产区，拥有丰富的秸秆资源，更加有利于赤松茸产业的发展。

赤松茸产业具有较高的生态效益。露地栽培中作物秸秆为赤松茸的生长提供原料，而赤松茸通过分泌胞外纤维素酶对秸秆进行分解，从而减少农村地区因焚烧秸秆而带来的大气污染，增加土壤中的有机质，改良土壤。林下栽培中赤松茸栽培后废弃的菌糠、菌渣是优质的有机肥，可改良土壤的理化性能，提高土壤肥力，促进林木生长。如湖北地区形成了“水稻+赤松茸”生态循环农业模式，利用秋冬季节和早春时段的休耕地，就地将稻草作为主要原料生产赤松茸，可增加农民收益，翌年赤松茸采收结束后，腐解的稻草和赤松茸菌渣还田还可以改良土壤，每亩赤松茸可消纳 10 亩田的稻草，后一季种植水稻时可以减少一半的肥料投入，并且稻米品质更优。总之，赤松茸产业的发展能够促进生态循环，改善生态环境，符合国家绿色发展的产业政策方向。

二、成为各地持续巩固脱贫攻坚成果、助力乡村振兴和种植结构调整的优势项目

赤松茸的种植，具有不与农争时、争粮、争地、争肥，占地少，用水少，投资少，见效快等特点，成为各地乡村振兴的有力举措。种植赤松茸，可以增加农民收入，丰富种植品种，优化种植结构，提高土地利用率和产出率。同时，赤松茸的种植可以促进有机农业的发展，减少对环境的污染，提高土壤质量，有利于农业的可持续发展。此外，发展赤松茸产业还可以带动相关产业的发展，促进乡村经济的多元化发展，推动农业产业的升级，创造更多的就业机会，进一步推动乡村振兴。

三、适温范围广

赤松茸具有强大的抗逆性，适应温度范围广，能够在 4～30 ℃范围内生长并产生子实体，还能够自然越冬。这使得赤松茸的种植季节较长，有利于填补其他菌种或蔬菜在淡季市场的空缺。此外，赤松茸的产量高，作为新产品一经投放市场，很容易被广大消费者接受。我国北方地区具有成为赤松茸等中低温草腐菌主产区的资源优势。北方气候冷凉，林地充足，特别是林下小

气候条件非常适合赤松茸的生长，有利于实现林菌生态建设的可持续性，达到生态、社会、经济效益的和谐统一发展。因此，我国北方地区在全国具有独特的优势，可以补充高温天气市场淡季的需求。结合露地越冬和棚室生产，可以实现周年供应。

我国南方地区稻草资源非常丰富，每年为了减少秸秆焚烧，减轻环境污染，要投入大量人力、物力和财力开展秸秆利用工作，而大田栽培赤松茸可以大量消耗稻草等农作物废弃料和下脚料。南方地区冬季的气候条件非常适宜大田栽培赤松茸，且赤松茸与水稻轮作，生产场所既不需要其他食用菌类生产所需设施和设备等成本投入，还能充分利用冬闲田，提高土地利用率。同时，赤松茸栽培后的废渣也可成为农田有机肥料，增加土壤有机质，丰富土壤微生物菌群数量，改良土壤理化性质，提高土壤肥力，实现用地和养地相结合，生态效益显著。

四、种植方式多样

赤松茸的种植方式展现出高度的多样性与灵活性。除了传统的林地、菇棚种植外，还适宜与各种大田作物、蔬菜等进行间、混、套种，这些多样化的种植方式具有良好的生态互补效应，可以提高经济效益，促进土地的合理高效利用。例如，与玉米的间作模式，赤松茸仅占用1/3的耕地，对玉米产量无影响，真正实现了两者优势的互补，同时为土地提供了宝贵的休耕机会。在水稻插秧后种植赤松茸，为水稻棚的综合利用开辟了全新路径。保护地与蔬菜间作或轮作的模式则有助于蔬菜地的休耕，可提升蔬菜品质，有效减少病虫害。

五、栽培技术简单粗放，栽培原料丰富，经济效益显著

赤松茸具有较高的抗菌能力，可以直接采用生料或发酵料进行栽培，且栽培技术简单粗放，农户们能够轻松掌握，管理起来

也非常容易，因此成功率较高。赤松茸的栽培原料来源也十分广泛，可利用稻壳、稻草、麦秆、玉米秆、玉米芯等农作物剩余物，也可以利用农林废弃物，如植物秸秆、树枝树叶等。这些原料在农村地区相对容易获取。

此外，栽培赤松茸不用制作菌棒，从而节省了大量的材料和人工成本。无论是露地栽培还是林下栽培，都不需要额外的设施投入，使得栽培成本主要集中在菌种、菌料费用以及日常管理费用和采收时的人工成本上，每亩的成本在 8 000 元左右。在产量方面，赤松茸表现优异。例如，林下栽培每亩可产出鲜菇 2 000 千克。按照市场价格 10 元/千克计算，每亩的收入可达到 2 万元，净收益则约为 1.2 万元。而露地栽培模式则充分利用农业生产后的农作物废弃料作为栽培基质，每亩每年还可节约大约 100 元的成本。这种经济高效的栽培技术为农民带来了实实在在的经济利益。大棚栽培模式下，每棚（60 米长）实际种植面积 300 平方米，只需麦秸 6 000~7 000 千克。一般 45 天出菇，生物转化率为 80%左右，每棚产量为 3 000 千克，每棚可创产值 1.5 万~2.5 万元，其收入是农作物的 10 倍以上，经济效益十分可观。

六、营养价值高、市场消费潜力较大

赤松茸因为其丰富的营养成分和良好口感，在国际菇类交易市场上备受瞩目。在国际市场上，赤松茸被联合国农业组织推荐为新型健康食品，一些欧美发达国家如美国、加拿大、法国、意大利、德国、西班牙等，对赤松茸的需求量较大，销售业绩良好。相比之下，国内市场对赤松茸的认知还处于上升阶段，目前国内赤松茸的产量相对较少，市场推广力度较小，市场渗透率较低，市场消费量相对其他菇类较小。但是，随着我国经济的快速发展，居民收入增加以及消费者对赤松茸认知度和对健康食品需求的提高，赤松茸市场的潜力将不断释放，有望在国内市场上获得更高的市场份额。

综上所述，赤松茸产业具有巨大的发展潜力和广阔的市场前景。在国家政策和技术支持下，结合生态效益的考量以及灵活多样的种植方式和技术优势，赤松茸产业将成为推动农业转型升级和助力乡村振兴的重要力量，预计未来赤松茸的产量和品质将得到进一步提升。此外，通过加强产业链的整合和优化，推动赤松茸产业的标准化、规模化发展，赤松茸产业有望成为农业经济增长的新亮点。

参考文献

[1] 蔡衍山，黄秀治，罗凤来，等. 大球盖菇性遗传模式和育种工艺研究 [J]. 菌物研究，2007，5（1）：47-50.

[2] 陈婵，黄靖，彭宏等. 大球盖菇护色保鲜技术研究 [J]. 农产品加工，2017，427（05）：6-8，13.

[3] 周学划. 大球盖菇漂烫液体外抗氧化及其喷雾干燥技术的研究 [D]. 福州：福建农林大学，2011.

[4] 陈思. 大球盖菇的涂膜保鲜工艺及软罐头微波处理技术探讨 [D]. 福建农林大学，2013.

[5] 陈弦，张雁，马永轩，等. 基于 TPA 参数的低糖广式月饼冬瓜蓉配方优化 [J]. 食品科学，2015，36（12）：54-59.

[6] 谷镇，杨焱. 食用菌呈香呈味物质研究进展 [J]. 食品工业科技，2013，34（5）：363-367.

[7] 黄年来. 大球盖菇的分类地位和特征特性 [J]. 食用菌，1995，17（6）：11-12.

[8] 江国祥，朱丹丹，孙晶. 大球盖菇的腌渍与干制方法 [J]. 特种经济动植物，2021，24（04）：50-51，55.

[9] 郝福新，杨青，刘兴乐，等. 不同栽培料配比对大球盖菇生长及产量的影响 [J]. 湖北农业科学，2021，60（19）：92-94.

[10] 滑帆，邢万里，李文平，等. 根据气温条件确定河北省大球盖菇最佳栽培时间 [J]. 中国食用菌，2021，40（4）：18-22.

［11］霍捷，王卫平，滑帆，等. 大球盖菇栽培模式研究进展与发展方向探讨［J］. 中国食用菌，2020，39（2）：35-38.
［12］金银慧. 大球盖菇生物学特性的研究［J］. 农业与技术，2020，40（24）：63-64.
［13］黎申英，熊小辉，左艳娜，等. 电感耦合等离子体质谱法测定菌菇中 3 种有害重金属含量的研究［J］. 现代食品，2023，29（1）：205-208.
［14］梁然，郑静宜，尹淑丽，等. 利用核桃木屑栽培平菇对子实体营养价值的影响［J］. 中国食用菌，2023，42（1）：53-61.
［15］刘海兵，王斌，张腾霄. 十四种常见食用菌中糖类物质含量比较分析［J］. 内江科技，2017，38（10）：81-82.
［16］刘瑞壁. 大球盖菇高效栽培技术［J］. 食用菌，2021，43（1）：65-66.
［17］卯晓岚. 中国野生食用真菌种类及生态习性［J］. 菌物学报，1988，7（1）：36-43.
［18］孟天晓. 中国球盖菇属［*Stropharia*（Fr.）Quélet］和沿丝伞属［*Naematoloma* P. Karsten］真菌分类学研究［D］. 吉林农业大学，2007.
［19］沈盟，姚祥坦，沈亚强，等. 不同培养料配方和覆盖方式探索大球盖菇轻简化栽培初报［J］. 上海农业学报，2020，36（2）：72-76.
［20］孙萌，陈艳秋，冉丽萍. 大球盖菇菌丝体生物学特性研究［J］. 延边大学农学学报，2013（1）：51-55.
［21］陶明煊，王峰，程光宇，等. 食用菌提取物对糖尿病小鼠血液和肾脏的抗氧化作用研究［J］. 食品科学，2008，29（11）：605-608.
［22］王丽，倪淑君，李淑荣，等. 大球盖菇菇盖和菇柄营养成分

分析［J］. 黑龙江农业科学，2016（11）：143-145.
［23］谢莲萍. 大球盖菇栽培模式研究进展［J］. 现代农业研究，2022，28（10）：112-114.
［24］熊碧，许文远，杨清清，等. 13 种常见食用菌的氨基酸组成特征及营养评价［J］. 农产品质量与安全，2023（3）：15-21.
［25］徐金森，沈明山，刘杨，等. 厦门及周边地区产 10 种食用菌的脂类研究［J］. 厦门大学学报（自然科学版），2003，42（3）：396-400.
［26］于慧萍，胡思，黄文，等. 干制方式对大球盖菇滋味物质的影响［J］. 食品工业科技，2021，42（9）：251-256.
［27］于延申，任梓铭，王隆洋，等. 大球盖菇菌种生产技术［J］. 吉林蔬菜，2018（4）：34-36.
［28］曾健勇，张国财，赵博，等. 磁化水培养对大球盖菇菌丝生长特性的影响［J］. 食品工业科技，2017，38（20）：110-114.
［29］张士罡，汪尚法，张时. 大球盖菇优质菌种高效制作技术［J］. 农家致富顾问，2017（11）：20-21.
［30］张振霞. 食用菌的功能成分及其在家禽养殖应用中的研究进展［J］. 中国饲料，2023（4）：9-12.
［31］周小华，周祖法主编. 黑木耳 香菇 大球盖菇［M］. 南昌：江西科学技术出版社，2015.
［32］HRUBY A，JACQUES P F. Protein intake and human health：implications of units of protein intake［J］. Advances in Nutrition，2021，12（1）：71-88.
［33］SONG Z，JIA L，XU F，et a1. Characteristics of Se-enriched mycelia by Stropharia rugosoannulata and its antioxidant activities in vivo［J］. Biological Trace Element Research，2009，

131: 81-89.

[34] WU J, FUSHIMI K, TOKUYAMA S, et al. Functional-Food Constituents in the Fruiting Bodies of Stropharia rμgosoannulata [J]. Bioscience, Biotechnology, and Biochemistry, 2011, 75 (8): 1631-1634.

[35] WU J, TOKUYAMA S, NAGAI K, et al. Strophasterols A to D with an Unprecedented Steroid Skeleton: from the Mushroom Stropharia rugosoannulata [J]. Angewandte Chemie, 2012, 124 (43): 10978-10980.

[36] YAN Q X, HUANG M X, SUN P, et al. Steroids, fatty acids and ceramide from the mushroom Stropharia rμgosoannulata Farlow apud Murrill [J]. Biochemical Systematics and Ecology, 2020, 88: 103963.

[37] YAOITA Y, AMEMIYA K, OHNUMA H, et al. Sterol Constituents from Five Edible Mushrooms [J]. Chemical and Pharmaceutical Bulletin, 1998, 46 (6): 944-950.

[38] YE J J, LI J R, HAN X X, et al. Effects of active modified atmosphere packaging on postharvest quality of shiitake mushrooms (Lentinula edodes) stored at cold storage [J]. Journal of Integrative Agriculture, 2012, 11 (3): 474-482.